谨以此书献给我的父母

周详 又名拓跋周、拓跋浪迹，1963年2月1日出生，武汉大学新闻系毕业，纪录片独立制片人，美国探索频道（DISCOVERY）在中国评选、培训的"新锐导演"。热衷于拍摄历史、军事、国际政治人物等方面的纪录片，曾亲历中国对越自卫反击战和巴以冲突。曾获得"中国广播电视新闻奖"一等奖，国际科教电视片奖——"日本奖"特别奖和平壤国际电影节组委会特别奖。摄制了纪录片《我眼中的毛泽东》、《金日成和他的老师尚钺》、《业余"联合国军"》等。

六书坊

Six Arts Library Series

周详 著

走吧，去南极

武汉大学出版社

WUHAN UNIVERSITY PRESS

图书在版编目(CIP)数据

走吧,去南极/周详著.—武汉:武汉大学出版社,2015.1
六书坊
ISBN 978-7-307-14122-3

Ⅰ.走… Ⅱ.周… Ⅲ.南极—普及读物 Ⅳ.P941.61-49

中国版本图书馆 CIP 数据核字(2014)第 245269 号

责任编辑:荣 虹 责任校对:汪欣怡 版式设计:韩闻锦

出版发行:**武汉大学出版社** (430072 武昌 珞珈山)
　　　　(电子邮件:cbs22@whu.edu.cn 网址:www.wdp.com.cn)
印刷:武汉中远印务有限公司
开本:889×1194 1/32 印张:6.625 字数:113千字
版次:2015年1月第1版 2015年1月第1次印刷
ISBN 978-7-307-14122-3 定价:20.00元

编委会

主编　张福臣

编委　（以姓氏笔画为序）

文　祥　艾　杰　刘晓航　张　璇

张福臣　周　劫　郭　静　夏敏玲

萧继石　落　子

序
——一个导演的手记

当作者周详要写这本书时，他说过，他不要像很多去南极探访回来的人那样，写一本很个人情调的随笔甚至是一本文学性的游记，也不会写一本指南或手册之类的实用录。果然，他写出了这样一本书：导演日记。可以想象得到，他是一位有新闻记者素养的纪录片导演，而且一举一动都透露着美国探索频道训导出来的那种注重客观与细节观察的风格。看他的这本书，你会有强烈的在看纪录片般的感觉，甚至章节之间的转换，就是活脱脱的镜头转换，带着CUT的一声。

日记体裁将事情发展次序明晰地呈现出来，事情就这样按部就班地在主脉上被描摹和叙述着，但是你看每一章节，都是内容大于形象，他将很多与南极特征相关联的事物，水到渠成地旁征博引而来。比如他初到阿根廷最南端的乌斯怀亚，将从这里启程越过德雷克海峡抵达南极。半夜去看南十字星座，从这个指极星座自然谈到郑和下西洋时见到的灯笼骨星，又谈到但丁写作《神曲》，又谈到南半球国家对这星座的崇敬，继而谈到对它可以许下心愿，却因云层深厚，最终未能如愿，从中外古今的天马遨游中又回到当下。但是每一个叙述的转换都合情合理，你不知不觉随他的叙述，获取到知识和典故。它不是单一的描写叙述，这种看似信马由缰却暗中有脉理贯穿的手法，一定是他拍纪录片时的蒙太奇式剪辑的生花移植。

拍纪录片是不能有太多感情因素主导的，要让事实本身去表现。但是叙述的语言和结构可选择不同方式，看此书可以很明显地发现这点，作者的情绪是时刻受控于客观叙事的。有几次很有意思的场面，比如他在船上过五十大寿的巧缘，受到乘客和船员热烈的祝贺，我本想多读读这些富有人情味的场面，但最后只有很简练的几笔带过，他认为这事只是碰巧，与南极探访本身关系并不紧密。再如用陈式太极拳和侧卧法治疗剧烈晕船的事情，极有喜剧色彩，但也是分散在多处场景中的断续叙述，正当你以为他要恣意放纵起来时，他却戛然而止。

作者在欺骗岛上去祭奠两个无名墓，捡来石块，垒在两座坟墓上，心里默默为这两位有勇气，但不幸的人祈祷，愿他们安息。

搭档姜宏涛对他说："不要多待了，快走吧，不吉利。"他说："不要紧。"心想，地下的人都是和他一样敢冒险的人。他怜惜他们，为他们服务，祝他们安息，他们会保佑他的。这算是作者直接写内心世界较多的地方，但后面马上转到著名的南极探险家斯科特和沙克尔顿的死，用了很大的篇幅，用他们的悲剧来掩盖或者说代替自己的内心独白。

然而作者是有思想的，这些思想不时在字里行间不经意地流露出来，书末写到他返回布宜诺斯艾利斯，广场上有示威的人留下的物件，从南极地区的那种和谐环境才出来，见到这种纷争的情景，他一时很不适应，只有南极这一片净土令他有莫大的安慰。宁缺毋滥，这是一个精神洁癖者在南极产生的共鸣。

艾　杰

2014 年 8 月 4 日

目 录

CONTENTS

天堂湾浮冰

前人推测出南半球有一块"南方大陆"。

南极大陆是第六个被发现的大陆。巧合的是，它的面积也排第六。

南半球和北半球洗脸池里的水流漩涡方向相反。

乌斯怀亚城离首都很远，离南极大陆很近。

第一章：

前奏

一直自信地对人说，作好了浪迹天涯的准备。而当去南极的消息传来时，还是觉得意外。因为那地方也太"天涯"了。

中央电视台的制片人梅龙要带一个摄制组随一个考察团去南极拍片。拍摄日程定在春节，他的导演不够。于是找到了他的同学姜宏涛——我的搭档和我。

准备恶补南极知识时，第一个想到了老朋友艾杰。

此君学贯中西，兼通文理。当三朋四友谈天说地时，谁偶尔提及一个生僻的人名，或一个鲜见的事件，如果只有一个人知道，那一定是艾杰。此君书香门第，

藏书颇丰。一问及南极，他便魔术般地拿来一本商务印书馆出版的汉译名著《两极区域志》（R. N. Rudmose Brown 著），还是民国版的。

一起逛武汉香港路文物市场时，此君又发现了一本《邮票图说南极探险》，推荐我买了下来。

抽空加紧研读。书中展现的景象一幅比一幅奇异，它们让我一步步地"深入"南极。

这南极大陆，在当初，不是探寻到的，而是推测出来的。

古希腊人爱好对称美，他们相信地球的南部必定有一块大陆，方可与北半球的欧亚大陆保持平衡。公元前 4 世纪，古希腊学者亚里士多德（Aristotie）从理论上论证了这一假想。公元 2 世纪，希腊著名地理学家克劳迪亚斯·普托利梅亚斯（Claudius Ptolemaeus）即托勒密绘制了一张南半球大陆图，在印度洋南边画

我的搭档姜宏涛

了一块把非洲和亚洲连接起来的大陆，把这块大陆称之为"南方大陆"（Terra Australis）。

15世纪末叶，欧洲为了对外扩张，开始了寻找"南方大陆"的探险活动。著名的葡萄牙探险家达·伽马（Vasco Da Gama）、葡萄牙航海家麦哲伦（Ferdinand Magellan）、英国航海家德雷克（Francis Drake）纷纷出动，却没有找到"南方大陆"的踪影。

1773年1月17日，英国著名航海家、海军上校詹姆斯·库克（James Cook）进入了南极圈。但是，他功亏一篑。而且下了个错误的结论："我在高纬度绕过南半球的海洋，完成了这次航行，因而绝对否认那里存在陆地的可能性，即使陆地可能被发现，那也是临近极地的，无法到达的地方。"

1819 年 7 月 16 日，俄国沙皇亚历山大一世（Alexandrel Ⅰ）派遣库克的仰慕者别林斯高晋（F. G. Bellingshousen）和拉扎列夫（M. P. Lazarev）率领"东方"号和"和平"号两艘帆船再次寻找"南方大陆"。

1820 年 1 月 28 日，他们终于发现了南极大陆。

附：

　南极大陆是地球上六块大陆中最后被发现的，所以它被称为"第六大陆"。巧合的是，南极大陆的面积，无论按七大洲排，还是按六大陆排都是名列第六。

附：

　南极大陆有 4 个极点：南极点（地理极点）、南磁极点、南极冰点和内陆冰盖最高点。

去南极洲有三个途径：一、从澳大利亚或新西兰坐船到南极大陆边缘；二、从南非的开普敦或智利的蓬塔坐飞机到南极点；三、从南美洲南端的阿根廷乌斯怀亚城坐船到南极半岛。

我们选择了第三个途径。一办手续才知道麻烦至极。阿根廷驻中国大使馆要求提供的资料不仅繁多，而且莫名其妙——用过的全部过期护照、个人银行卡最近半年的存取款记录、五万元的定期存款证明……

我极不耐烦地打电话问北京的经办人员：

"这些关阿根廷什么事？"

对方不假思索，极其干脆地回答："不知道。"

我和姜宏涛三天两头被北京催促着办这办那，不胜其烦。

备受折磨之后，终于熬到了最后一关——去阿根廷大使馆面谈。想到之前的繁琐劲儿，想象不出这一"招"里我们将遇到何种困境。于是在路上就开始绷紧神经，百倍警惕，唯恐功败垂成。

阿根廷大使馆的面谈并不是通常的逐个问话，而是"批发"。七八个人一组。进去后坐成一排，如同过堂。签证官发问并不针对某一个人，谁想答谁答。高大壮硕，但慈眉善目的签证官问道：

"你们为什么要选择从阿根廷去南极？"

一位嘴快的仁兄答道："我们喜欢阿根廷，想在往返时在阿根廷看看。"

签证官露出满意的笑容说："你们的选择很好，可以了。"

我还没回过神来，就这样面签通过了。出门之后，我心里极不平衡。这也太高举轻放、虎头蛇尾了吧。

当天，此行的组织者给我们每个人配发了防寒帽、墨镜、羽绒服和登山靴。

临行前，艾君托我把他那本《两极区域志》带到南极去，盖几个科考站的章。那本书上本来有他父亲

的印章。他把自己的印章盖上，又赶着给儿子刻了一枚印章盖上。我对他这一想法大加赞赏，愉快地接受了这一委托。受他的启发，我也带上了一本地图出版社 1957 年出版的《世界分国地图》，那是我在文物市场上淘的。

艾君又交给我一支特制的笔——"太空圆珠笔"，让我带到南极试用一下。他说这支笔有两大好处：一是可在 300 ℃和零下 60 ℃的环境里使用；二是可以朝着天写，就是说没有地心引力，也能下油书写。

在此之前，我并不知道圆珠笔必须向下才能用。为了验证一下，我特意找了一支普通圆珠笔，躺在沙发上朝天书写，果然写了几下就写不出来了。真是"处处留心皆学问"啊。

临行前，梅龙告诉姜宏涛和我，中央电视台只能派出导演刘剑松，派不出摄像。这样一来，三个导演都兼任摄像。这次前去的主角是南极科考专家兼领队丁琛、中国科学院南海海洋研究所研究员黄良民和中国科学院广州地球化学研究所研究员黄小龙。

我们的出发地点是广州。在地图上量了一下，从那里去阿根廷的布宜诺斯艾利斯，向东和向西的直线距离差不多。

博学的艾君又告诉我，飞机飞行是按"大圆航线"。这是我从未听说过的名词。查了有关的资料，才弄清楚了它的含义。它是地球表面两点与球心构成的平面和地球表面相交形成的大圆圈的一部分，是两点之间最短的连接线。这才知道，我在平面的地图上量飞行距离很不科学。

2013年1月28日凌晨零点55分，我们乘坐卡塔尔航空公司的QR875航班离开广州。9个多小时后到达卡塔尔首都多哈（Doha）。在多哈机场休息了两个小时，再转乘卡塔尔航空公司的QR921航班继续向西，13个多小时后，到达阿根廷的首都布宜诺斯艾利斯（Buenosaires）。这时，布宜诺斯艾利斯当地时间是28

比格尔海峡

日晚上8点35分。

　　此行大大突破了我个人坐飞机远行的纪录。因为"时光倒转"，我还"赚"了一天。我想，如果我从此一直待在西半球，我的生命岂不是延长了一天。

　　在感受"时光倒转"的同时，还经历着四季的混乱。离开中国时我们穿着棉衣，一天之后，便是盛夏，我们都忙不迭地脱衣服，真是冰火两重天。

　　从地图上看，阿根廷和智利南端纬度差不多，同是南半球纬度最高的国家，也就是说，它们几乎同为离南极大陆最近的国家。

　　有学者说，在很早以前，阿根廷和南极大陆是连在一起的。

早在 1620 年，英国哲学家培根（Francis Bacon）就发现，大西洋两岸极为吻合。非洲大陆西部海岸和南美大陆东部海岸如果拼在一起非常紧凑，而且相应部分的地质和古生物也能一一对应。

1912 年，德国气象学家魏格纳（Alfred Wegener）在培根的基础上提出了大陆漂移假说，轰动了世界。假说认为，南半球在地质时期存在一块古大陆，权且称之为"冈瓦纳古陆"。"冈瓦纳"是印度中部典型具有这一类地质构造的一个地名"Gondwana"的音译。"冈瓦纳古陆"包括现在的南美洲、非洲、印度、南极洲、澳大利亚和新西兰。六千万年前，南极洲开始和"冈瓦纳古陆"的其他碎块分离，渐渐形成了如今独立的大陆。

魏格纳的观点得到了很多地质学家的赞同，尤其是南非的亚历山大·杜·托伊特（Alexanderl du Toit）。1937 年，托伊特出版了一本《大陆漫游记》。书中绘制了"冈瓦纳古陆"复原图，详细列举"冈瓦纳古陆"存在和有关大陆漂移的地质证据。

第一次到南美洲，很是新奇。离开机场后，一路都抓紧时间四处观看，希望找到一点和南极有关联的蛛丝马迹。这里新建筑不多，大多是老旧的，给人一种历史的沧桑感。建筑中，有高大堂皇的，也有低矮简陋的，明显两极分化。街上的人有服饰光鲜的，也有衣衫破旧的。有几处小街小巷边，看见了无家可归的人，有单个的，也有一家的，他们露宿街头。不过，见到的各色人等无不轻松自在。接待的人告诉我们，阿根廷人大多是西班牙人的后裔，秉承了乐观、豪放、浪漫的特质。看见的女人，无论年龄大小，胖的不少。接待的人说，她们可不像中国女人那样，随时注意节食、减肥，而是尽情吃喝，且不管日常生活规律，高兴时玩一通宵，之后再睡他个昏天黑地。据说，这里的男人狂放不羁，大吃大喝，暂且不论，单说情人，平均每人就有四个。街头巷尾，酒吧餐馆，时时可见搂抱、亲吻的男男女女。

一路上，出现最多的是咖啡馆，其次是书店。听说，布宜诺斯艾利斯的咖啡馆和书店都是通宵营业。咖啡馆大多座位很多，且门窗大开。几乎所有咖啡馆都坐满了人。接待我们的人说，阿根廷人善于沟通，喜欢聊天，对朋友有什么意见，或朋友之间有了矛盾，都去咖啡馆直接谈。往往是，大谈几个小时之后，所有的不快都烟消云散。到阿根廷之前，印象中最喜欢阅读的人是西欧人和日本人，但从没听说西欧或日本书店通宵营业，更别说其他国家和地区的书店。布宜诺斯艾利斯的书店通宵营业，可见这里阅读的人数之多和喜欢程度之深。

接待我们的人热心地向我们介绍，阿根廷的土地和房屋都很便宜，很多中国人到这里买房买地。另外，阿根廷是非移民国家，只要入了境，就可以不走，两

布宜诺斯艾利斯宾馆洗脸池中顺时针方向的漩涡

年后就可以永久居留。

同行诸君耳闻目睹了阿根廷的种种情形之后，都十分兴奋，十分心动。甚至把南极科考的事放到了一边，交头接耳地商议、谋划如何来这里发展。

布宜诺斯艾利斯时间晚上11点多，我们入住了阿巴斯托（Abasto）宾馆。洗漱时惊奇地发现，洗脸池中的水流漩涡是顺时针方向的，而此前在国内看到的都是逆时针方向。

附:

　　漩涡是由地转偏向力产生的。法国工程师和数学家科里奥利（G. G. Coriolis）首先发现了这种力量。所以，它又称作"科里奥利力"，简称"科氏力"。物体在地球表面垂直于纬线运动时，由于地球自转线速度随纬度变化而变化，又因为惯性，物体会相对地面保持原来速度的运动方向，这就叫地转偏向力。在北半球，物体从南向北运动，地球自转线速度变小（赤道处线速度最大），物体由于惯性保持线速度不变，于是就向东偏，相对运动方向来说，就是向右。从北向南运动时，地球自转线速度变大，于是就向西偏。相对运动方向也是向右。所以在北半球物体运动时，统一受到向右的地转偏向力。同一个道理，物体在南半球运动时，统一受到向左的地转偏向力。在北半球，流入的水流速度方向指向中心偏右位置，就形成了逆时针的漩涡。同一个道理，南半球就形成了顺时针的漩涡。

　　如果没有地转偏向力，那么水流将会沿着从中心出发的放射状线条流入。流入速度方向指向中心。在著名的赤道之国厄瓜多尔的赤道线上，有人往漏斗里倒水，水流垂直下降，没有漩涡。

　　终于找到了一个与南极相应的现象。南极大陆周围有一个巨大的气流漩涡，也是顺时针方向的。

1月29日早晨8点30分，我们乘飞机离开布宜诺斯艾利斯。中午，飞机开始下降。从飞机舷窗往下看去，一个小岛离我们越来越近。旁边的朋友告诉我，那就是火地岛（Terre de Feu）。

附：

　　早年，出生于葡萄牙骑士家庭的麦哲伦提出绕过南美洲，越过太平洋到香料群岛（今天的印度尼西亚马古鲁群岛）的计划，得到了西班牙国王的支持，顺利组成了探险队。1519年8月20日，他指挥的旗舰"特立尼达"号率领"维多利亚"号和"康宁普森"号从西班牙塞维利亚城桑卢卡尔港出发。1520年10月21日，他在南美洲南端发现了经美洲通往太平洋的海峡，后来这个海峡被命名为麦哲伦海峡。就在那时，他看见南面有一块陆地，当地居民点着一堆堆营火。他就把那块陆地称为"火地岛"。在这之后不久，1521年4月，麦哲伦便在如今的菲律宾群岛上，在一次镇压土著人的战斗中丧生。

　　很快，我们降落到火地岛乌斯怀亚（Ushaia）的马尔维纳斯国际机场，这是阿根廷最南端的城市。

　　同行的朋友测了一下，这里是南纬54°48′27″，西经68°21′07″，海拔301米。

　　一出机舱，清爽与和煦迎面扑来。

乌斯怀亚湾

走下飞机，来到机场大楼。大楼内部是木结构的，很别致，大有返璞归真的意味。走出大楼，举目四望，北面那片山上白雪皑皑，那是安第斯山，那白雪提示我们：离南极很近了。这里距离布宜诺斯艾利斯远达3200公里，而离南极洲只有800公里。

火地岛上有两座城市。另一个城市叫大合城，属于智利。

乌斯怀亚城北靠安第斯山脉，南接比格尔（Beagle）海峡，在乌斯怀亚湾依山傍水而建，风水绝佳。安第斯山脉的南端部分叫马提尔·格拉西亚山（Maetial Glacier），山上终年积雪。比格尔海峡全长200公里，连接着太平洋和大西洋，也是两个大洋的分界。

乌斯怀亚本来应该是阿根廷最大的省级行政区的首府，从理论上说，它的辖区包括阿根廷原来主张的南极领土和南大西洋几个群岛。但是，1959年，阿根廷和澳大利亚、比利时、智利、法国、日本、新西兰、挪威、南非联邦、苏联、英国、美国等国政府签署了《南极条约》。这个条约的开头是这样说的：

承认：为了全人类的利益，南极应永远专为和平目的而开放，不应成为国际纷争的场所和对象；

确知：在国际合作下对南极所做的一切科学调查，大有裨益于人类科学知识的增进；

乌斯怀亚圣马丁大街

确信：此国际合作，必须依循国际地球物理年期间的要求，充分尊重科学调查的自由，以符合科学和全人类进步的利益；

并确保：南极只用于和平目的；维持各国在南极的和睦，乃是信守联合国宪章的宗旨和原则。

条约的第四条是：

一、本条约的任何规定不得解释为：

（甲）缔约任何一方放弃在南极原来所主张的领土主权权利或领土的要求。

（乙）缔约任何一方全部或部分放弃由于它在南极的活动或由于它的国民在南极的活动或其他原因而构

成的对南极领土主权的要求的任何根据。

（丙）损害缔约任何一方关于它承认或否认任何其他国家在南极的领土主权的要求或要求的根据的立场。

二、在本条约有效期间所发生的一切行为或活动，不得构成主张、支持或否定对南极的领土主权的要求的基础，也不得创立在南极的任何主权权利。在本条约有效期间，对在南极的领土主权不得提出新的要求或扩大现有的要求。

1961 年 6 月 23 日，这个条约正式生效。

看完条约的这一条，很佩服翻译，能把它译清楚真不容易。它简直是一道智力测验题。

我费了很大的劲儿才看明白。

根据我的理解，总而言之，它的意思是说，条约签约国对南极领土的要求已被冻结。

另外，阿根廷有主权要求的南大西洋几个群岛，又被英国占领着，如马尔维纳斯群岛（英国称福克兰群岛）。所以，乌斯怀亚实际上只管辖属于阿根廷的半个火地岛。

"乌斯怀亚"是当地土著部落语言亚马纳语的词语，有两个意思：一个是"通往西方的港口"，一个是"太阳落山的地方"。1870 年，乌斯怀亚出现建筑。1893 年，乌斯怀亚成为一个城市。20 世纪 80 年代，乌斯怀亚只有 1.5 万人。如今这里已有 7 万人。

我们入住的宾馆也叫阿巴斯托（Abasto）酒店。它的外形如同欧洲古城堡，房间不大。家具都是欧式的，是原木本色，典雅、纯朴、自然。从窗口望去，乌斯怀亚湾一览无余，在湛蓝的比格尔水道和青山白雪之间，密布着童话般的各色建筑，加上蓝天白云的烘托，简直就是一幅天然绝美的画作。

吃午饭的餐馆竟然是中餐馆，老板是中国人寿仙靖。我由衷赞叹中国人的生存和创业能力。寿仙靖告诉我，她是上海人，曾在东北"北大荒"插队，后来到北京地质科学研究院工作。一次，去南极考察，经过乌斯怀亚，喜欢上了这里，就设法在这里定居了。后来，她还把家人也带到了阿根廷。从那以后，我每次见到她都称赞她有眼光，有主意、有胆量。

以前，我常和人聊起中国人闯世界的厉害，说得最多的是，我在北爱尔兰的贝尔法斯特都能找到中餐馆。现在，我有了一个更好的例子。

我们吃的是中式自助餐。吃了好几顿航空餐和西餐之后，觉得中餐格外可口。一顿下来，同行诸君个个心满意足。

下午，我们游览火地岛国家公园（Tierra del Fuego National Park）。公园中有一处山林留下了大量的树桩，是被砍伐的，砍伐的痕迹非常陈旧。陪同的人告诉我们，1902 年到 1947 年，这里是欧洲和南美洲流放犯人的地方，那些树桩就是犯人伐木的遗迹。现在，乌斯怀亚还保留着原来的监狱，只不过，如今已是旅游景点了。这里有大片的原始森林。因为常年风力强劲，树木长得东倒西歪，奇形怪状，被人们称为"醉汉林"。

在这些"醉汉"当中，有一个种群叫"假山毛榉"（Nothofagus）。假山毛榉的学名叫常绿假水青岗（Nothofagus Xunninghamii Oerst）。与众不同的是，它们的树干上寄生着不少的球状植物。当地人有的叫它"中国灯笼"，有的叫它"印度面包"。看到"假山毛榉"，立刻感到离南极又近了一步。因为，一份资料上说，中国科学院南京古生物研究所的沈炎彬先生在20世纪80年代和90年代两次去南极，在那里发现了很多"假山毛榉"的化石，从而证明南美大陆早先是和南极连在一起的。

之后，我们游览比格尔海峡。站在比格尔海峡北岸向南眺望，是一道长长的山峦。山峦南边是著名的德雷克海峡。德雷克海峡再往南，就是南极。我在比格尔海峡边上拣了两颗小小的鹅卵石，留作纪念。

晚饭仍然在寿仙靖的餐馆里吃，我们品尝了美味的蚌。寿仙靖说，如果我们停留的时间够长，还可以尝到鳕鱼、磷虾、蜘蛛蟹、海豹肉。她特意给我们做了大米粥，那香喷喷的粥大受欢迎，不一会儿，就被我们一扫而空。寿仙靖告诉我们，这里还有一些中国人。他们在这里建了几个工厂，生产电子产品。我暗想，如果允许的话，中国人一定会把工厂建到南极去。都说犹太人可以从稻草里找出金子，如今的中国人也毫不逊色。

吃完晚饭后，我们游览乌斯怀亚湾和乌斯怀亚城。我们沿比格尔海峡旁的玛依普大道行进，近观乌斯怀亚湾。乌斯怀亚湾停靠着一大片五颜六色的大小船只，有渔船、有游艇、有货轮，也有极地探险船，它们在湛蓝海水的映衬下格外漂亮。当地人很多以捕鱼为业，其他人有的养羊，有的伐木。从这里乘船去南极，只需要两天。如果从澳大利亚和新西兰乘船去南极至少需要一周。因此，这里是南极考察和探险的理想的补给点和起航站，中国科考队便选择了由此起航。

乌斯怀亚城像欧洲的乡间小镇，它美丽而淳朴，繁华而宁静。这里没有高楼大厦，行政、商业用房不过两三层，居民住宅大多是有院落的平房。所有建筑式样典雅，色彩鲜明，而且随独特的地貌而错落有致。这里的街道、广场、博物馆、图书馆多以"圣·马丁"命名，以此缅怀这位为阿根廷独立解放做出重大贡献的英雄。当地陪同告诉我们，这里有三个赌场，我们路过了其中一个。除了招牌之外，和周围的建筑区别不大，很低调。陪同的人说，虽然有赌场，但这里的社会秩序很好，比布宜诺斯艾利斯还好。陪同的人还介绍说，别看阿根廷的经济发展相对落后，但社会福利不错，这里的医院是免费的，学校也是免费的，生了孩子以后，国家马上给予相应的补贴，父母没有经济负担。阿根廷有一个观念：小孩不是你私有的，是你替国家抚养的。父母年龄大了以后，孩子同样没有什么负担，因为他们都可以免费进养老院。怪不得所见到的阿根廷人都那么轻松自在。

我们游览的重点是圣·马丁大街，这是乌斯怀亚的主要街道。街道两边的商店里卖的是进口化妆品、高档香烟、当地特色的工艺品以及和南极有关的纪念品，这些商品一律免税。听说，阿根廷人来火地岛旅游，就如同中国大陆人到香港旅游，一个重要目的就是购物。我们逛商店时，发现很不方便，当地人完全不接受英语，只用西班牙语。于是，我们匆匆学了一句西班牙语"欧拉"（你好），便到处凑合。我非常喜欢这里的另一点，就是商业味不重。推门进入一家商店之后，营业员只送上一句"欧拉"！同时报以纯朴、甜美的微笑便悉听尊便，直到顾客有具体的要求。绝不像一些商业城市的过度服务和一些欠发达地区的追逐推销，让人不自在。我买了一些印有乌斯怀亚和南极风光的明信片。

街上有一个小邮局，邮局里可以买到印有"世界尽头邮政"字样的明信片，还可以请工作人员盖上有企鹅图案的印章。以前知道海南岛有一个"天涯海角"，那是中国的"天涯海角"。这里可称为世界的"天涯海角"。

因为纬度高，晚上 10 点天才黑。

回宾馆后，遇到了中国人在外国宾馆常见的问题——没有开水。搭档姜宏涛万般无奈，试着用浴室水龙头里的热水泡红茶，他尝了一口，对我说，味道还不错。我开玩笑说："你相当于在喝洗澡水。"从此以后的整个行程中，只要在宾馆我们都得"享用洗澡水"，一有机会就向中国同胞广泛宣传。

临行前，艾君给我看过一本解放军总参谋部测绘局编印的《识图用图手册》。我从中学会了根据南十字星判定正南方。

深夜，我一人带着军用指南针走出宾馆，找到一个宽敞的坡地，瞭望正南方向的天空，寻找"南十字星"。

在北半球的晚上，我常利用大熊星座（北斗七星）和仙后星座（三字星）来寻找北极星，以判定正北方。而在南半球就得利用南十字星座辨别正南方。

在北回归线，也就是北纬 23°30′ 以南，晚上都能看见南十字星座。它所在的银河部分是银河最亮的一段。它在半人马座和苍蝇座之间，是全天 88 个星座中最小的一个。它由四个很亮的星星组成一个"十"字形，从这个"十"字形的一"竖"向右下方"划"下去，估计"划"到这一"竖"长度四倍半的这一点（这里没有星星）就是南天极，也就是正南方。

在古希腊托勒密时代，地中海地区是可以看到南

乌斯怀亚湾

十字星座的，它被当作是半人马的脚。随着岁月的更替，它不断向南移。

14 世纪的中国航海家郑和七下西洋时，曾用这个星座来导航。他用过的《古里（今印度卡利卡）往忽鲁谟斯（今霍尔木兹海峡格什姆岛）过洋牵星图》上注明："看北辰星十一指，灯笼骨星四指半"。他用过的《龙涎屿（今苏门答腊北龙涎岛）往锡兰山（今斯里兰卡）过洋牵星图》上注明："牵北斗双星三指，看西南边水平星五指一角。正路看东南边灯笼骨星下双星平七指"。

"灯笼骨星"就是南十字星座。

英国维多利亚时代的学者艾伦（R. H. Allen）在他的《星名录》中说，公元 11 世纪，古阿拉伯占星术士阿尔·伯尼注意到，从印度北纬 30°的地方可以看见一个南方星群，称为苏拉。有人说，这很可能是构思《神曲》的一个线索。在通过炼狱的入口进入南半球时，但丁宣称："我把心神贯注在另一极上，我看到了只有最初的人见过的四颗星（《神曲·炼狱》）"。"最初的人"指最初的基督徒，因为在基督时代的耶路撒冷能看见南十字星座。但丁清楚地意识到岁月差别的影响，他提到的是基督死后的一个无神时代，那时南十字星座已经在这个纬度消失了。

一般认为是法国天文学家阿古斯丁·洛瓦伊（Augustin Royer）于 1679 年第一次把南十字星座从半

人马座中划分出来，设定为星座。

现在，澳大利亚、巴西、巴布亚新几内亚和萨摩亚的国旗上有南十字星座。新西兰的国旗有简省了的南十字星座。智利的麦哲伦区和阿根廷的火地岛区的区旗上有南十字星座。澳大利亚和巴西的国歌歌词也有这个星座。由此可见，南十字星座在南半球有多么重要。

我寻找南十字星座还有一个原因，据说，只要向它许愿，可美梦成真。

但是，那天浓云密布，我等了很久，云都不散，我只能失望而归。

之后，我又试过几次，但浓云好像存心跟我过不去，始终都没有让我如愿。

宾馆房间里有两张单人床，却并在一起。以前去欧美，也遇到过这样的情况。西方人认为只要两人同房，无论同性，还是异性，起码是情人关系。所以，即使是两张单人床，也一定要合并在一起。曾有两个中国同性的同事，在宾馆开一个房间，一进房便发现这样的"并床"情况。二人晚上入睡前，把两张床分开。可第二天外出再回房，两张床又合并如初。我和姜宏涛不想自己费劲，也不想让整理房间的服务员费劲，干脆一人一头睡下了。

30日早上，5点钟天就亮了。我起身外出散步。在宾馆后院，看见了五颜六色的鲁冰花。当地人说这些鲁冰花来自欧洲。

鲁冰花是多年生草本植物，学名叫多叶羽扇豆。仔细看去，一株鲁冰花开出的花朵颜色也各不相同，很是奇特。

游览乌斯怀亚时，发现马路边，院子里，房屋旁，处处可见鲁冰花。

"鲁冰花"是音译，它的希腊文是 Lupin，是悲苦的意思。因此，鲁冰花的花语是"苦涩"。

然而，在乌斯怀亚看到的鲁冰花丝毫没有苦涩、悲苦的意味，而是给人美丽、自然、宁静的感觉。由此可见，有些"约定"并不一定在哪里都"俗成"。

中午在寿仙靖那里吃饭时，一位同伴美元带得不够，想用人民币跟寿仙靖换一点当地的比索，寿仙靖爽快地给了比索却没接人民币，说怕朋友路上不够用，回国后再给她寄到上海去就行了。我们当即感慨：同胞就是同胞啊！为了留一条可与阿根廷联系的渠道，我请寿仙靖给我留个电话。她同样热情地满足了我的要求。不仅如此，还加了微信。她说，如有机会再去，她可以联系便宜的酒店，是二战时期的房子。

下午，我们买了一些蔬菜、瓜果，是带给南极中国长城站的。丁琛告诉我，从乌斯怀亚去南极考察和探险的中国人都必去长城站，去的人都会给长城站的同胞们带点补给。

鲁冰花

由"海精灵号"想到了"泰坦尼克号"。

走道扶手上密布着供呕吐的纸袋子。

餐厅桌椅固定在地板上。

古老的英国铜哨成了交际的媒介。

陈式太极拳防晕船。

第二章（1月30日）：
登上"海精灵号"

下午 5 点多，我们前往乌斯怀亚湾，登上了极地探险邮轮"海精灵号（Sea spirit）"。同船的，还有世界各地的几十名游客。

"海精灵号"上的工作人员、服务员个个热情洋溢，周到细致。每个游客都由服务员引领，进入自己的舱室，让我们感到宾至如归。

舱室两人一间，面积不大，但彩电、电话、沙发、书桌、卫生间一应俱全。卫生间里的安全提示居然有中文。邮轮上设有会议室、游泳池、健身房、酒吧和

海精灵号极地探险邮轮

图书室。我和姜宏涛不约而同地感到，这艘邮轮就像一艘小"泰坦尼克号"。

附：

海精灵号邮轮简介：

船籍：巴哈马

可搭乘旅客：112人

总吨位：4364吨

冲锋艇：4艘

有53间客舱，另有新潮的公共设施。

所有客舱都有观景窗户，豪华舱及套房有独立观景阳台。

客舱都有卫星通讯电话、电冰箱、电视机、录像机、空调、保险箱、私人卫浴、特别设计的衣橱。

有多功能及最新设备的演讲大厅。

餐厅自由入座，菜单每天更新，可以点选主菜。

24小时供应饮料，有咖啡、茶、冰水、果汁，下午茶时间有蛋糕供应。

有图书馆、健身房，配备有多种健身器材。

附：

旅游手续：

1. 南极不属于任何国家，不需要任何签证手续，只要到达阿根廷登上前往南极的邮船即可。

2. 阿根廷政府在乌斯怀亚的港口设有南极旅游接待中心，专门为世界各国游客前往南极旅游提供咨询服务，现场有大量免费南极旅游宣传印刷品。另外，设有官方网站。

3. 南极邮船旅游已被列为世界上最成熟和最安全的旅游项目之一。目前前往南极旅游的游客以南美各国、美加、欧洲等地为主，中国游客属于新面孔。

等所有人都安排停当之后，船上通知我们去会议室。船上的工作人员首先给我们讲解安全需知。船上规定：行走时必须空一只手，因为船体随时可能在风浪的冲击下发生摇晃，这时就得赶紧扶住把手；进门时不许扶门框，风浪会使大门猛然关闭，夹伤指掌；进门时不许踩门槛，风浪袭来，人容易失去平衡；不

海精灵邮轮徽章和房卡

海精灵号上的图书室

许在无人的情况下在房间充电，容易引起火灾；不许向船外扔烟头，要放进船上特设的容器里，因为海风会把烟头吹回来。

工作人员又把船上配备的特殊服务人员——海洋科学家帕梅拉·罗瑞（Pamela le Noury）、摄影家约翰·路德斯特（Joho Rodsted）、医生克里斯·金（Chris King）等逐一请出，并介绍给大家。他们表示，将分别在船上举办讲座，同时，随时向每位游客提供专业咨询和服务。

讲话时间最长的是克里斯·金医生。他是一个高大、强壮的美国汉子。此后，得知他已年满六十。在别的专家发布预告的时候，他已经开始实质性的服务。他仔细讲解了如何防止晕船，说随时提供晕船耳贴和口服药物，还特别强调，一定要在呕吐前找他。

我想试试自己晕不晕船，晕到什么程度，便决定不去麻烦他。

6 点钟，"海精灵号"解锚起航，沿比格尔海峡向东行驶。

邮轮开始移动时，我便站在甲板上快速扫描乌斯怀亚的每一个细节。随着邮轮渐渐离开，我们的扫描由一个个细节变成一个个场景，由一个个场景变成整个全景，再由一个清晰的全景变成一个朦朦胧胧的逐渐缩小的全景。

随船海洋科学家帕梅拉·罗瑞（右二），摄影家约翰·路德斯特（右三）

海精灵号随船医生克里斯·金与作者

当乌斯怀亚在我视线中消失之后，我把目光转向船头方向，观赏比格尔海峡两岸起伏的山峦，想象即将见到的大西洋，德雷克海峡和南极大陆。

回舱室的时候，看见走道扶手上每隔一米左右就放着一个特制的纸袋，明白那是给呕吐的游客预备的。由此，我的兴奋之中渗入了些许不安。

回到舱室的第一件事是用洗澡水泡红茶，见水温适合，便安心了。

邮轮的餐厅很漂亮。和各国朋友共同进餐的感觉很独特。服务员大多是菲律宾裔。他们亲切地介绍自己，希望客人记住他们的名字，下次直呼其名，一下拉近了彼此的距离。入座后，发现桌椅都用金属钩子和链子固定在了地板上。不由想起电影《泰坦尼克号》中轮船失衡的情景，既觉新奇，又感到前路难测。晚餐是点菜，食物的精美出乎我们的预料，完全是西方宴会的档次，牛排、羊排、海鲜、沙拉、红葡萄酒应有尽有。所有人都非常兴奋。

回到舱室后，打开电视一看，什么台都收不到，只有邮轮上自己播放的南极资料片。这表明我们已经超出现代文明所及的范围，进入了原始的区域。

去酒吧和后甲板小坐。我胸前挂着的古旧的英国"城市"牌黄铜哨子引起了外国朋友的注意。

这个哨子是我在武汉文物市场上淘的。1861年，武汉开埠，英国在这里设立了领事馆。估计这个哨子就是那时留下的。这次特意带上，一来当装饰，二来闲时把玩，三来万一碰上意外，可以求救。第三个用途受了电影《泰坦尼克号》的启发。见到这个哨子，

英国古董铜哨

陆续有人前来近观，询问。我用有限的英语告诉对方，这是英国生产的，有一百年历史了。然后，再指示对方细看哨子上的专利说明。如果会英语的姜宏涛在身边，我还会通过他向对方介绍，这个哨子是世界上最早发明的哨子，当年，是英国宪兵和警察专用的。

看完之后，他们或露出惊异的表情，或表现出羡慕的神色，或伸出大拇指。我一得意，就又能想出几句英语来。没想到，这个哨子成了交际的媒介。于是，我有意无意地到处显摆。就这样，我认识了一个又一个外国朋友。不过，美中不足的是，关注这个哨子的都是男性和老年妇女，年轻女子竟然都不为所动。

午夜前后，我们乘坐的邮轮经大西洋驶入了德雷克海峡。

听船上的人说，德雷克海峡处于西风带。这里随时都可能有大风大浪。所以，这里被称为"魔鬼西风带"。

1578年，英国海军军官，人称"红胡子海盗"的弗朗西斯·德雷克率领一支船队越过麦哲伦海峡，进入太平洋。

他在航海日志里写道："微风拂面，白雾升腾，波浪舒展。我们是第一次闯进这平静海面的探险者……"他最后一句话还没写完，海面上便狂风大作，巨浪滔天。

风暴刮了两个月，把他的船队吹向了南方。原来，他以为火地岛是南方大陆的一部分。这时，他才发现火地岛南面仍然是海洋。后来，人们便把火地岛南边的海峡命名为"德雷克海峡"。

我的床紧靠舷窗。洗完澡之后，躺在柔软的床上，感受轻微的晃动，听着舷窗外的海浪，十分美妙。

同室的姜宏涛说有点头晕，去找医生要了晕船药。我坐起来，随着阵阵晃动，练起陈式太极拳的"云手"。感觉像骑马时顺势上下运动一样，不仅没有不适，而且觉得很受用。

我在要睡不睡的时候，有一种奇特的感觉——不知是醒是梦。

这一夜，睡得舒服极了。

晕船序幕徐徐拉开。

餐厅服务员对前来的客人竖起大拇指。

吃饭时，杯盘刀叉掉落声接连不断。

恰逢五十大寿。

"铁人"不铁了。

困境里试出"侧卧防晕法"。

第三章（1月31日）：
横渡德雷克海峡

　　31日一早，我和姜宏涛上到了邮轮顶层的后甲板上。四周是一望无边的大海。我呼吸着清新的海风，感受着一种从未感受过的宽阔、自由、畅快。我在船体的振荡中练起了陈式太极拳的站桩和云手。姜宏涛却在一旁端坐不动。不一会儿，他说要回舱室。我们一回舱室，他就吐了。我让他赶紧吃点药，上床休息。我陪了他半天不见好转，便一人去吃早饭。一进餐厅，服务员都向我竖起大拇指。我一愣，不知为什么。入

德雷克海峡

座后，左右一看，同来的中国人一个都不见。后来才知道，除梅龙之外，其他人都晕船。我这才明白服务员为什么向我竖大拇指。再看看四周，外国朋友基本都在。和他们近距离接触时，看见他们耳根几乎都贴着防晕船耳贴。可见，他们的自我保护意识非常强。

想起前一天晚餐时服务员的希望，我点餐时便亲热地叫了一声"托尼"。托尼果然非常高兴地趋身前来。我高兴地大口吃喝。托尼等见状，又向我竖起了大拇指。

出餐厅之后，见不着其他人，便一个人去咖啡厅喝咖啡，看世界地图。

10点左右，丁琛一脸憔悴地走了进来。见我后，用不解而且有"意见"的语气问道："怎么？不晕啊？"

我说："还行。"

岩石上的地衣

他有气无力地说："真棒。"

我一个人拿出摄像机去驾驶室和船头、船尾、左舷、右舷拍了一点素材。

听说摄影家约翰·路德斯特举办讲座，去听了一下，他跟大家讲解雪地摄影和动物摄影的技巧，的确很专业。

路过黄小龙先生房间时，见他披着被子，坐在地上。我问他："你这是干什么？"他说："降点儿高度，身子晃动小一点，头晕就稍微好一点。"

在这之后，陆续见到了几个同伴，谈到的话题都是晕船。有的说泡在浴缸里减缓摇晃可以防晕。有的

防水胶靴

说专心上网分散精力可以防晕。有的说去船尾，那里振荡小可以防晕。我说，陈式太极拳可以防晕，晃动时可以顺势而为，化解晃动带来的冲击。

我请一个英语流利的同伴问一个船上的工作人员防晕还有什么高招，她说："不要太专注船的晃动，做你该做的事，习惯几次就行了。"

中午吃饭时，船体摇晃的幅度加大了。前后左右不时响起杯盘刀叉掉落的声音。

下午，船上给我们每个人配备了海洋救生衣，极

作者在德雷克海峡上度过五十大寿

地防寒服和深筒防水胶靴。

我拍了同伴们晕船的窘态和惨状。

中国南极科考队的同胞曾对晕船有一个描绘："一言不发，两眼无神，三餐不吃，四肢无力，五脏翻腾，六神无主，七上八下，久（九）卧不起，十分难受。"

我的同伴们现在就是这种状态。

晚饭时，姜宏涛硬撑着进了餐厅，勉强吃了一点东西。梅龙和三位专家都到了，只有刘剑松没来。和他同屋的梅龙说，他从第一天晚上开始就卧床不起了。

有人推算说，按中国的时间，现在是2月1日。

听了这话，我高兴地说："告诉大家一个好消息，本人正在过五十大寿。"

同伴们非常惊喜，纷纷举杯向我祝贺。有的说我太会挑日子了，有的说运气真棒，还有人说，同船共

仙境

渡已属不易，共赴南极尤其难得，同船赴南极，而且还赶上一个大寿，真是缘分不浅！

姜宏涛把这个消息透露给了餐厅服务员，不一会儿，一个我意想不到的阵势出现了：女服务员玛丽手捧生日蛋糕，男服务员托尼弹着吉他，另外几个服务员敲打着盘子、盆子，唱着歌一起拥到我的面前，向我祝贺。他们唱的歌不是熟悉的《生日歌》，会英语的同伴也听不懂是什么词语。我想，大概是菲律宾的生日歌。

蛋糕太大，我们几个人吃不完，我便分出一部分，请英语好的伙伴送给其他游客。

不久之后，不少外国游客也前来祝贺。

回想一下，我以往的生日前后也有几个特殊的时段：1987年1月中下旬，我24岁生日前几天，正在老

蓝冰

山战场上；1999 年 12 月到 2000 年 1 月初，我 36 岁生日前二十多天，在巴勒斯坦伯利恒市耶稣诞生地马厩广场上；2009 年 2 月下旬，我 46 岁生日后 20 多天，在朝鲜首都平壤的中国人民志愿军纪念塔下。地点虽特殊，但都没赶上真正的生日。

我想，这个生日一定是我一生中最独特、最热闹、最难忘的一个生日。

饭后，姜宏涛对我说："你是铁人。以后船上的拍摄就指望你了。"

我说："你放心吧，都交给我了。"

梅龙和我商定，第二天早上，我早点起来，拍海上日出。

这天晚上，睡到半夜，阵阵剧烈的震荡把我从梦中惊醒。我的身体时而腾空，时而左右甩动。在排山倒海的风浪声中，船体吱吱嘎嘎响个不停，我很担心它会散架；舱室里叮铃哐啷响成一片，想必是乾坤大挪移了。前后左右相邻的舱室传来阵阵呕吐声。

奇怪的是姜宏涛那边没什么动静，也许是睡得太沉，也许是晕船药起了作用，也许是"奄奄一息"了。

好不容易撑到凌晨四点钟，我决定起床拍日出。洗漱时，根本站立不住，心里也觉得一阵阵恶心。勉强练了一下陈式太极拳，根本无济于事。最后，终于忍不住大吐起来，吐得翻江倒海。

在万不得已的情形下，我又赶紧上床。在翻转腾挪之中，逐渐发现，平躺不行，侧卧却没事。看窗外的天空，乌云密布，知道不会有日出了，干脆继续休息。

初见冰山

长城站的臊子面很棒。

"小心，不要踩！它们几百年才能长成这样。"

在博物馆放了十几年的地衣，沾点水，又活了。

长城站与北京最近距离的指示牌的箭头不是朝北，而是朝南。

第四章（2月1日）：
乔治王岛上的"长城站"

天大亮以后，看舱室里，像发生过"兵变"一样。

再看姜宏涛，居然还能起床。他出门吃了早饭，还带回了晕船药给我吃。我吃下药后，对姜宏涛说："兄弟，我不行了。我得静养了。你怎么又行了呢？"

他说："可能是晕船药起了作用，也可能我适应了。"

我说："那你接着干吧。下面的事靠你了。"姜宏涛便拿着摄像机出去了。

到了中午，风浪似乎消停了。姜宏涛回来对我说：

威德尔海豹

"过了德雷克海峡。"

我翻身下床，洗漱了一下，然后收拾残局。

走出舱室见到同伴们后，我对他们说："朋友们，我收回陈式太极拳防晕这一说，给你们推荐一个更好的办法——侧着身子躺，啥事都没有。"

向外面一看，一座巨大的冰山出现在眼前。船上的工作人员说，我们已进入南纬 60°，就是说进入了南极圈。

同伴测到室外的温度是零下 14 ℃。这可是盛夏的温度。

下午，船上通知，我们去会议厅集中。

工作人员向我们详细讲解了进入南极的注意事项。第一部分是保证卫生和生态：每人离船时必须严格消毒，以防止把病菌带到南极；不许携带任何物种上岸，以防止破坏南极的生态平衡；任何垃圾都要自己带回，

离船前的严格检查

以防止污染南极；要和各类动物保持五米以上的距离，以防止传染给它们病菌；要给行进中的动物让路，不得影响它们的任何习惯；尽量保持安静，不得惊扰各类动物；拍照时不得用闪光灯，以免刺激各类动物；不得带走南极的任何东西，包括海水……

　　丁琛告诉我们，国际上有一个协会规定，普通游客不得带走南极的任何东西，正如邮轮上的规定那样。但如果是科学考察则可以采集与考察项目相关的样品。我们出发之前，已向国际有关组织提出了考察申请，不知道哪个环节出了问题，批文迟迟没有传达到"海精灵号"。于是，我们只能享受普通游客的待遇。

注意事项的第二部分是保证个人安全：每个人离船，回船必须打卡；防水裤裤腿必须套在防水靴外面；从橡皮艇上登岸必须头朝船头，背靠艇的边沿，面朝天空翻身而下，类似跳高的背跃式；拉人或被拉必须在掌心和对方掌心相对的一面，紧握对方手腕，我称之为"反扣式"。

第一次听这些注意事项时，觉得过于繁琐，并不完全理解。在之后的考察中才慢慢体会到它们的重要。

从邮轮上公布的日程上看到，我们将登上南设得兰群岛的乔治王岛，中国的长城站就在那里，我们异常兴奋。

上岸前的检查非常严格。每人首先确认自己衣裤口袋里没有违反规定的物品，再把携带的所有东西一件件拿出。工作人员用手里里外外摸一遍，再用吸尘器吸。他们居然在我的摄像机包里检出一截枯草，如同重大发现似的用手指捏着枯草向我示意，好像在说："你看，幸亏检查得仔细。"

我们穿戴整齐后，排队打卡。每个人打完卡，工作人员都会礼貌地说声："谢谢！"

打卡的过程中，工作人员向我们解释："以前，曾出现过这样的情况，一个客人没有归队。船开出很远才发现，又急忙调头回去找人。对于邮轮来说，这是非常麻烦的事。对于客人来说，这是非常可怕的事。"

打完卡的人，一个个依次出门走上甲板。那一刻，

乔治王岛

眼前的情景让我震惊：从没见过这么湛蓝的天，从没见过这么洁白的云，从没见过这么澄澈的海。在这海天之间，神话般地分布着一片冰雪覆盖的岛屿。工作人员说，那就是南设得兰群岛（South Shetland Islands）。在其中的一个岛上，点缀着一些色彩鲜明的建筑。工作人员说那个岛就是乔治王岛（King George Island）。那些建筑中，就有中国的长城科学考察站。

南设得兰群岛是火山群岛。1819 年，英国海豹狩猎人史密斯到达了这里。他认为这个群岛和英国最北面的设得兰群岛有点相似，就给这个群岛取名为"南设得兰群岛"。南设得兰群岛有 11 个较大的岛和 150 个小岛。乔治王岛是其中最大的岛。

在工作人员的安排下，我们依次下到邮轮的第一层，把双脚踩进消毒水中消毒，再分组坐橡皮艇登上

南设得兰群岛

乔治王岛菲尔德斯半岛"雪龙号"船码头。

没想到，长城站站长和所有的科学家、工作人员都到岸边迎接我们。后来才知道，丁琛事先和他们联系过。和他们握手、问候的时候，我感到了一种特殊的亲热和兴奋。原来的印象是南极科考站只有男人。到了长城站才知道男女都有。我们在长城站的标志和国旗前一起合了影。长城站是 1985 年 2 月 20 日建立的。它位于南纬 62°12′，西经 58°57′，南北长两公里，东西宽 1. 26 公里，三面环山，一面临海。

乔治王岛上还有阿根廷、巴西、智利、韩国、秘鲁、波兰、俄罗斯和乌拉圭科学考察站。

我们踏着厚厚的积雪四处参观。一路上，工作人员只要见到有裸露的土石上有细小的植物，就不停地提醒我们："小心，不要踩。小心，不要踩。它们几百年才能长成这样。"

1 小时后，我们到达了西海岸的海豹湾。我们站在高高的山坡上，按照工作人员的指点，向几百米外，临近海水的地方望去，终于看到了几只懒洋洋的海豹。

每年夏天，几百只海豹到这里换毛、繁殖后代。常见的有威德尔海豹、豹形海豹、食蟹海豹、象海豹和罗斯海豹。

附：根据动物分类，海豹属于哺乳类鳍脚目海豹科。通常一夫多妻。

南极地区常见的海豹有：

1. 豹形海豹

貌似金钱豹。体长 3 米以上。体色深灰，下部转浅。颈和胸部布满花斑。深颚利齿，鼻孔朝天。乔治王岛上最常见，数量也最多。它以肉食为主，又称食肉海豹。吃企鹅，有时也袭击其他海豹。不合群，单独居住。

2. 威德尔海豹

海豹科中南极特有的品种。主要分布在南极大陆边缘，常见于威德尔海域。以鱼虾、乌贼、章鱼等动物为食。

3. 食蟹海豹

又名锯齿海豹。体长不到3米，全身白色略带淡红。分布在整个南极大陆的四周。喜欢在冰上栖息，以虾蟹为食。牙齿尖细，上下交错，如锯齿一样犀利，能像过滤器一样，把海水中的磷虾滤下。

4. 罗斯海豹

南极土著。一身淡黄色短毛，身体短而粗，前后鳍脚发达，颈部臃肿，可把头全部缩进颈部。栖息在罗斯海偏僻处，擅长游泳。以虾、乌贼、章鱼为食，也食海藻。

5. 象海豹

又称海象，鼻子像肉瘤，松软下垂，长达几十厘米。体长6米以上，体重2.5到3吨。通常白天睡觉，晚上进食，专吃鱼虾和乌贼。牙齿锋利，但间隔很大，不便咀嚼，只能生吞。9月到12月是其生育和哺乳期，主要活动在麦阔里岛、克尔松伦岛和南设得兰群岛，其他季节也在较温暖的海域生活。雌海豹每年产一只小海豹，幼崽体长75到80厘米，重15到20公斤，五到十年才能长大。雌海豹生育后要脱皮换毛，1到2月，随整个家族到南极大陆海滩度过一个多月的换毛季节。

6. 南方绒毛海狮

俗称海狼或海狗，皮毛浓密，灰色或深棕色，前鳍特别长，长达40到50厘米，可以用前鳍把身

蓝冰

体支撑成坐姿。能跳跃前行，行动敏捷。在克尔盖朗岛、马儿维纳斯（福克兰）群岛、南乔治亚岛等地繁殖，繁殖期组成群体，维持一到两个月。以乌贼、章鱼和鱼类为食。夏季南游到南设得兰群岛或南极半岛换毛。

丁琛想带我走下去，近距离看一下海豹，但工作人员坚决不同意。

我把摄像机镜头尽量推近，尽量看得清楚一些，拍得清楚一些。那些海豹是深灰色的，大概 3 米，身体两侧有白斑。科学家告诉我，它们叫"威德尔海豹"，一到暖季就成群结队趴在岸边或冰上。寒季时，喜欢在冰层下的水中活动，可在深水中停留 1 个小时。其血液中的氧气比人类高 5 倍。

科学家曾经把无线监测器带在它们身上，监视它们的活动。结果发现，它们迅速下潜到 610 米深处。科学家研究还发现，威德尔海豹的血管、大脑、肺、心脏等器官都有抵御水下巨大压力的功能，这些功能是它们在千百年的进化过程中为了提高自己的生存能力慢慢形成的。

每到南极的冬天，海豹都要到远离南极大陆的海域去过冬。等到了天气转暖的 10 月，再陆续回到南极大陆生儿育女。有趣的是，离家出走千里之外，一去就是半年有余，这些海豹竟然能够绝无差错地回到它们原来的"家"。科学家认为，威德尔海豹之所以有超群的记忆力和辨别方向的能力，是因为它们大脑里有一个十分灵敏的导航系统。

工作人员说，这里的象海豹也很有特色。象海豹分布在南极的海洋性岛屿周围海域，在陆上繁殖，喜欢群栖。它们实行"一夫多妻制"，每当八九月份繁殖季节来临，成群结队的象海豹跑上岸来，占领地盘、寻找配偶。

为了占领地盘，雄性象海豹之间经常要进行残酷的争斗。胜者占地为王，拥有成群妻妾，败者扫兴而去，另寻出路。在海滩上，人们可以看到，一头雄性象海豹日夜守卫着几十头，甚至上百头雌性象海豹。一旦情敌来犯，便不顾一切，展开生死搏斗。双方怒气冲天，吼声动地，张着大口，立身撕咬，直至战得皮开肉绽，遍体鳞伤，鲜血直流。每当这时，雌象海豹们却站在一边看热闹，直到胜利者把对方赶走。雌象海豹并不大在乎谁来占有它们。战胜者固然至尊至上，但肩上的担子极重，雄象海豹不吃不喝保卫领地和妻妾，体重通常会为此消耗一千公斤。

雄性象海豹性情凶猛，雌性象海豹则性情温柔，一旦一头雌性象海豹被雄性占有，便乖乖地跟随着"丈夫"，温顺地躺在它的身边，如果雌性象海豹有不轨行为，被"丈夫"发现，就会受到严厉惩罚。象海豹夫妻之间也殴斗，原因是雌象海豹怀孕后拒绝再次交配。

科学家推测，地球上的生命是从水里开始的，后来逐渐发展到陆地。然而，有些动物已经进化成了温血动物，乃至哺乳动物之后，为了逃避天敌，或为了得到更加丰富的食物，又返回了大海，形成了新的种属。海豹就是一个例子。

附：海豹如何御寒

南极动物都有厚实的皮毛或羽毛，有厚厚的脂肪。海豹等动物还有保持双重体温的特殊功能，可以使身体主要部分保持正常温度，降低四肢、尾鳍等次要部位的温度。它们体内有一种热交换系统，在这些部位，输送热血到肢体的动脉与回收冷血送回心脏的静脉紧紧缠绕在一起。这样，热血被冷却，冷血被加热。因此，可以使肢体部分的温度保持低温，所需和所散失的热量都会很少。

长城站背后的明月山和化石山的岩石上，分布着黄、白、黑、褐、浅绿、灰白、古铜等各种颜色的细小植物。有的星星点点，有的成块，有的成片。高的十几厘米，矮的一到二毫米。黄良民先生告诉我，那是地衣。

南极极度寒冷，又极度干燥。高大的植物无法生存。能适应的植物首推地衣。地衣是地球上最古老的植物之一，也是南极分布最广，种类最多的"土著"植物。它和木化石、南极玛瑙、水晶石、玄武岩同样

中国长城站

具有历史价值，堪称"活化石"。地衣是真菌和藻类的共生体。藻类利用阳光制造养料，供给真菌；真菌则保护藻类的安全。有几种地衣的假根可以分泌地衣酸，溶解岩石，一方面固定自己，一方面从岩石的化学风化物中吸收营养。地衣生长所需要的水分是冰雪融化时得到的。地衣生长非常缓慢，一百年才长一毫米。

地衣的生命力惊人，英国科学家曾把在大英博物馆存放了15年的干地衣加水培植，结果它又开始生长了。

地衣虽然不惧严寒，不怕干燥，却奈何不了大气的污染，尤其是硫化物的侵蚀。由此，也显示了南极的空气多么洁净。

南极有350多种地衣。它们很有开发利用价值。地衣的提取液可以抗辐射，甚至可以抗癌。

贼鸥

在低洼潮湿的岩石上，我们发现了一片片碧绿色的苔藓。苔藓和地衣同属南极低等植物，都被称为"活化石"。地衣把岩石表面分解后，形成薄薄的土壤，苔藓才能生长。南极的苔藓有 70 多种。它比地衣需要更多的水分，它的营养主要来源于鸟粪和岩石风化物。隆冬时节，苔藓往往变得干燥、脆弱，一碰就碎。但只要稍有温暖的气流和些许水分，它立即就变得柔软起来。

苔藓虽然没有地衣那么多，但色彩鲜艳。它无疑是南极这片冰雪天地中极好的点缀。

在冰雪中光秃的岩石上，海边单调的沙滩上，巡逡着一两只褐色飞禽。头和嘴像鹰，腿脚细小。

专家告诉我，那是贼鸥，这是一种品行恶劣的飞禽。贼鸥的性格十分残忍，以偷食企鹅和其他海鸟的蛋及幼鸟为生，有时甚至残杀病弱的海豹。贼鸥在沿海地区的石缝中产蛋繁殖，它们总是把巢筑在企鹅群附近。这样，偷吃企鹅蛋和猎取小企鹅就十分方便，所以人们给它们起了个外号——贼鸥。自从人类来到南极以后，贼鸥竟然将连偷带抢的恶习用来对付人类。它们经常在人的住地周围窥探，发现有处理掉的肉食、罐头之类的食品，便前来争抢。有一次，考察队员将吃剩下的一大包牛肉放在室外，不到十分钟的时间竟有上百只贼鸥直奔牛肉而来，很快就抢得一干二净。还有一次，考察队员在外野餐，烧烤牛羊肉的香味引来了一群群的贼鸥。开始，队员们不时扔给它们一小块肉。可是，不一会儿，就觉得事情有点儿不对。贼鸥在考察队员稍不留神的时候，就会突然把他们手中的肉叼走，放在地上的更是连按都按不住。不一会儿，肉就被抢光了。

我们返回的路上，远望长城站，八个红色油罐格外显眼。科学家说，那是长城站的"血库"，里面储藏着重油。长城站里的水、电、暖供应，都得靠它。站里的办公室和住房则是蓝色的。在冰天雪地的南极，它们也十分醒目。

在长城站的办公楼和宿舍楼之间，有一块牌子，箭头朝南，上面用中、英文写着：到北京的方位角为

170°38′27″，距离为 17501.949 公里。这一引人注目的数字，标志着长城站到北京的最短距离。

按照第一感觉，从南极到北京的方向应该朝北。但是，科学家说，大地测量学家获得的地球的真正形状，是一个近似圆形的梨形。在这个梨形的椭球面上，要从一点到达另一点，最短的线只有一条。所谓最短，相当于用一根超长的绳子，一头拴定北京，一头拉向长城站，在椭球面上绷紧，所得到的一条最短距离，测绘术语上称之为"大地线"。

测出长城站通向北京的最短距离，不仅找到了从"长城"到达首都北京的唯一捷径。而且，可使通讯天线能准确地对着北京发射。

长城站的人热情地留我们吃晚饭。进餐厅一看，给我们准备的是臊子面。臊子是鸡蛋、瘦肉和西红柿。我们高兴地说："太棒了！"

我们一改在邮轮上的绅士风度，像回了家一样，一人盛上一大碗，"呼噜呼噜"地吃开了。邮轮上的饭菜虽然丰富，但毕竟是西餐，哪有中餐合口。大家尽情地"呼噜"，我一口气"呼噜"了三碗。

吃完后，当大家还沉浸在对刚才中国美味的回味中，站里通知我们，准备好了长城站的印章，供我们使用。我们当即兴奋起来，我赶紧取出艾君交付的《两极区域志》，自己的《世界分国地图》和一叠明信片，直奔站里的办公室，一通猛盖。

黄昏时，我们和长城站的同胞依依惜别，互道珍重。

附：

1980年，应澳大利亚邀请，中国两位年轻科学工作者董兆乾和张青松来到了澳大利亚的凯西站（南纬66°18′，东经110°32′），首次进行了冰川地貌和海洋考察。从此，揭开了中国科学工作者参加南极考察的序幕。而今，他们都成了有名的南极科学家、研究员。1983年，中国科学院贵阳地球化学研究所助理研究员李华梅应新西兰的邀请，在南极洲罗斯岛南端的斯科特站考察了32天，成为第一个到达南极洲的中国女性。

附：

中国从1984年开始组建中国南极考察队，于1985年2月20日建立了中国第一个科学考察基地——中国南极长城站。1989年2月26日，又在拉斯曼丘陵建立起中国南极中山站。2009年1月27日，在南极内陆海拔最高地区建成了中国南极昆仑站，海拔高达4087米。2014年2月8日，中国国家海洋局宣布，中国第四个南极科学考察站泰山站建成，这个站距离特拉诺瓦湾的"斯科特站"约300公里。

附：

美国海军上校 E. E. 赫德布洛姆是美国海军于 1955 年至 1959 年期间在南极地区的外科医生，他在《极地手册》一书中扼要地列出了极地活动的注意事项：

1. 不要进行挑战打赌或者介绍挑战打赌，不必要的冒险是不利的。

2. 在离开营地或船舶时，无论采用何种运输工具，都应该穿得充分、装备齐全，还应带有睡袋及足够户外食用 3 至 10 日的口粮。如果乘坐飞机，必须检查救生设备是否在机上，你可能会被风雪困住或不得不步行回基地。

3. 绝不要独立离开营地——在海冰面上工作或在陆地上徒步旅行至少两人结成一组。这种结伴制度不仅有利于早期治疗冻伤，而且当你跌入水中时会有人救你。如果你跌坏了腿，会有人帮你并知道应到何处救助。

4. 在陆架冰或冰川冰上，必须有三人或更多人结伴，而且在可疑的冰隙地区还必须用绳子系成一个整体。在冰隙地区行进，脚穿滑雪板的开路人员必须不断地用破冰斧探路。如果用拖拉机探路，则必须用更长、更重的探测棍（撬棍）。在冰川冰上选择营地必须极其小心；除非已立足于彻底探测过并有标记的地区里，否则绝不能松开系绳。

5. 如感到发冷，记得体操可以产生热量。一种特别好的体操是同时拉紧上肢与下肢的伸肌及屈肌，这可以不用有动作而产生热量。然而，做得不能过分。工作是有一个安全限度的，需要有休息以避免弄得精疲力尽而冻死。

6. 出汗是很危险的，它是造成冻伤及冻死的因素。要保持服装里部及外部干燥。每天至少要换一次（行军时两次）清洁干爽的袜子及鞋垫。宁可穿少点而不是过多。

7. 服装应保持清洁，不要有油污或油脂。风雪大衣及皮鞋上系带用以使雪及冷空气保持在身外，但不能系得太紧而减低血液循环作用。

8. 不要既穿鞋，又穿皮靴，或既穿鞋，又穿套鞋。如果那样，你会在被困而获救的情况下失去下肢。

9. 鞋子及袜子不能太紧，以使脚趾能够活动并提供足够的绝热层。如果你的双脚感受到痛，你其实并没有受到伤害。当你停止感觉痛了，就必须即刻检查并活动双脚，使之重新暖和直至恢复知觉；如有需要，要换干袜子及鞋垫（或干草）并把潮的弄干。

10. 不要用潮湿、光着的手去摸冷金属。如果不慎把手粘到冷金属上，必须在该金属上撒泡尿以提高其温度来挽救皮肤。如果两手都粘在金属上了，你该有个朋友在旁边帮忙。

11. 手拿汽油、煤油或者除了水以外的其他液体时要注意，因为在寒冷气温下，一接触这些液体就会立刻造成冻伤。

12. 白天任何时候都必须戴黑目镜或风镜，不论太阳是否耀眼抑或被密云遮盖。此外，在阳光和煦的日子里，鼻子及脸颊上可涂以灯黑避免反光刺眼。眼睛如有痛的感觉，容易流泪，对光很敏感，表示已患上雪盲症，但是，在眼睛受损伤之前没有任何先兆。

13. 热饮会给保命食物实际增加热量，同时帮助保持人体所需的水分。要用充分的水去煮保命口粮，这使食物更可口而且容易消化。煮开的食物比干粮易于消化吸收，而液汁会给你带来维生素、矿物质以及所需的水分。

14. 不论你进食的情况是否正常，你每天必须喝进一至二夸脱的水分，咖啡作为饮料不能超过该水量的三分之一，喝咖啡过多会使身体脱水。强迫性的适量饮水可以防止并治疗绝大多数常见的慢性病。吃雪会使嘴和牙过度受冷，应该先让它融化再喝下。

15. 必须避免喝太多的酒，少量倒也无妨——睡觉前喝一点加热水的酒；或者偶尔为欢乐喝一小杯是可以的，但是在寒冷的环境下喝个酩酊大醉可能导致死亡。

16. 不要在没有带面罩时太深入地吸入极地空气，特别是气温低于零下 25°C 时更需注意。

17. 必须时刻记住海冰及陆架冰可能会因海底涌浪而在几分钟之内解体。只要有一点儿风或洋流，你就会被你所站的冰筏带到海洋中。要远离潮汐冲击的冰裂缝及冰缘，也要避开冰山、陆岬以及冰川前锋。这些都是危险的环境。如能避免，绝不要在海冰上扎营。

18. 海豹通过呼吸孔爬到海冰上晒太阳取暖，呼吸孔一般在下列地点的薄冰上比较容易钻成且保持不冰封：海冰开裂着的裂缝附近、海滨潮汐冲击的冰裂缝边缘、搁浅冰山附近及陆架冰与海冰的接缝。对海豹很安全因而有许多海豹在活动的地方，对人则很不安全。

19. 如果你掉入冰水中，必须保持活动。如果被迫要游泳，你可以全副披挂游上 100 至 200 码——事实上，你的服装会带你浮起来而不是拖你往下沉；因此，一定不要把它脱掉。如果你爬出冰上而又得不到援助，一定要站立着保持运动，这是你在获得援助之前唯一能够保持温暖的办法。

20. 很久以来认为，不指引方向的步行在北极地区会向右走个圆圈，在南极地区则向左走一个圆圈，说是内耳的"科里奥利斯效应"引起的。实际上，独行的人在南、北两极地区可能都是朝他较短的那条腿的方向走一个圆圈。指南针、路线图以及对地形事先研究，可以帮他不至于转圈子。

21. 绝不要马虎对待暂不使用的设备、工具或服装，因为它可能在几分钟内被风刮走或随冰漂走。凡是能插入雪中的东西都要竖着放。如果不能竖放而你又希望晚些时候找出这个物品或地点，必须插以旗帜标明。

22. 在行进中，要把必需品如食物、燃料、炉子、帐篷、睡袋、救生设备以及基本医疗用品分置于雪橇、卡车以及个人背袋里，这样，一辆搬运工具或一个人走失就不至于给整个集体带来危险。在只有一台无线电收音机或一件救生用具的小分队，这些宝贝应置于最后一架雪橇上。

23. 要多演习救火、水中救人、急救及其他，直至能做到自动、快速为止。要知道，你将来所救的可能就是你自己的生命。

24. 身体要保持凉爽，头脑要保持清醒、警惕。一旦松懈，你在你周围辛辛苦苦建立起来的安全措施就会失去效果。在极地行进从来没有不出现事故的。

25. 你冒险所赌的不是你个人的生命，而是许多人的生命，因为如果你走失了，那些人会志愿或不得不要去找你。生存手册中还有多得多的事项，如在事故发生之前读，比发生后再读好得多。

上橡皮艇的时候，一个小浪过来。我们的裤脚湿了大半，幸亏都防水，没有大碍。而回到邮轮上才得知，其中一位的防水裤裤腿太小，套不进防水靴，只能扎进去。他的靴子里便进了水。

从橡皮艇上邮轮时，两个工作人员在上面拉，严格地使用"反扣式"。我感觉的确很紧、很稳。之后问一位工作人员为何要用"反扣式"，她说："我们做过实验，只有这种手法抓得最紧。"

上邮轮以后，工作人员要求每个人利用专门的设备，仔细清洗防水靴，之后浸入消毒液中消毒。

最初以为，回船后清洗防水靴只是为了保持船上的整洁。后来，海洋科学家帕梅拉·罗瑞告诉我们："南极各个区域的生态环境都有各自的特点。比如：次南极岛屿、紧邻南极大陆的岛屿、南极大陆的南极半岛都有不同的动物和植物。我们必须保持它们的原始状态。如果我们不注意清洗靴子，很可能会把一个区域的生物带到另外一个区域。一个典型的例子就是，乔治王岛上生长着一年生冬季牧草，是一种顽固的杂草。但是这种牧草现在已经到了南极大陆的边缘。一旦它进到南极半岛这些地区，这里的生态就会改变。"

我说："可以想象，外来物种更不能进入南极。"

她说："当然。"

我问："这样的情况控制得怎么样？"

她说："大家尽可能地控制，但情况并不乐观。到这里的科学家和旅游者都可能无意之中把植物和种子带来。英国南极考察处一个研究小组专门作了一项调查研究。他们调查了2007年到2008年前来南极的一千位人士。他们用吸尘器吸前来者的衣裤、鞋子、包裹，用镊子搜索缝隙，结果让他们大吃一惊。平均每个受检查者携带了大约9.5粒种子。南极洲生态系统非常脆弱，一旦外来物种侵入很可能会威胁到原生植物的生存。现在南极洲已经发现了一些外来物种，比如：冰岛的罂粟、高羊茅绒草。还有一种来自欧洲的草，叫'匍匐剪股颖'，已散布到南极洲大部分地区。现在，日本科考站附近已经长出了草，澳大利亚科考站发现了多种真菌，俄罗斯科考站附近也发现了外来植物。动物的情况也是一样，一种来自格鲁吉亚南部地区的昆虫'摇蚊'在南极西格尼岛上大量繁殖，它可能是随着供研究用的植物一起进入南极的。摇蚊能分解垃圾，可以释放大量营养物质渗入土壤，改变本地物种的生活。在最密集的地方，每平方米多达四十多万只，摇蚊比其他所有节肢动物的数量都多。在距离海洋250公里的挪威特罗尔站研究人员发现了四种外来螨类动物。一名瑞典科学家从一个池塘采集了一些样本，从中发现了八种不明生物。在南乔治亚岛已经出现了老鼠，还有跳虫一类的动物也出现在了南极洲，这些外来动物也将危害南极洲的生态系统。"

附：

> 每年有7000多名科学家和40000多名游客前去南极，这个数字还在不断增加。澳大利亚科学家伯格斯特龙说："与世界其他地区相比，南极洲是原始生态环境的最后堡垒。它被南部海域隔开。但现在，人类已经开始越过这一界线。" 2006年，《南极条约》协商会议在英国爱丁堡召开，会议把外来物种入侵南极列为优先研究课题。来自40多个国家的代表同意采取措施阻止非本土物种入侵南极。同时，环境保护组织也呼吁各国采取更多行动限制南极旅游业的发展。

这时的南极区域风平浪静。天黑之后，四周除了轻微的风声和海水声，一片寂静。

有人去后甲板小坐，吸吮清新无比的空气。在甲板的一角，设有弹烟灰和扔烟头的容器。容器有一个1米左右的细长的胫。胫的上端密封着，侧面有仅容一拳的小口。烟灰、烟头就从这里进入。有人去健身房健身，有人去酒吧闲聊。酒吧角落设有一架钢琴，任何人都可以随时弹奏。酒吧的另一角设有图书室，存有关于南极的书籍、画册，大部分是邮轮上购置的，小部分是游客捐赠的。我高兴地发现其中有一本中文书和一本中文画册。从扉页上的留言得知，书是

南极半岛上的金图企鹅

一位中国游客留下的，画册是一位中国摄影师赠送的。在这些去处，常见不同种族的游客在一起谈天说地，其乐融融。在酒吧里，一位西方游客即兴打开钢琴，弹奏了一曲。曲终，全场响起一片热烈的掌声。

蓝冰

沧桑的木船已成古董。

企鹅是鸟，本来会飞。

高雅、纯洁的雪海燕。

欺骗岛上的两座坟墓。

南极的形象大使应该是磷虾。

第五章（2月2日）：
终于见到了企鹅

2月2日上午，我们登上了半月岛（Half Moon Island）。岛的形状像半弯新月，和乔治王岛不同，这里没有人，是原生态的。一上岸就看见了一只破旧的西式木船，我很激动，这是我在南极见到的第一件古董。这样的船从前只在西方古代题材的电影里和古代题材的小说的插图里见到过。小木船长七八米，宽三四米，木头部分腐烂了一大半，金属配件锈蚀得很厉害。工作人员说，木船是挪威捕鲸人留下的。它令我想起了很多在这一带留下了足迹的捕鲸人和探险家。

1823年夏季，英国捕鲸人詹姆斯·威德尔（James Weddle）乘"加恩号"来到这一带。

他指挥"加恩号"沿冰原融出的缝隙穿行，到达了南纬74°15′，打破了别林斯高晋的纪录。威德尔发现的南极第一海，就以他的名字命名为"威德尔海"。

1892年到1893年间的夏季，挪威捕鲸船船长卡尔·拉森（Larson）乘"贾森号"从南设得兰群岛出发，沿着一个巨大的陆缘冰的东岸前进，这个陆缘冰便以他的名字命名为拉森陆缘冰（Larson Ice Shelf）。他在南极半岛区域度过了两个夏季，1893年年底，他向南行驶到南纬68°10′。在这次南下的航行中，他看到了部分的南极半岛，并且把这些地方命名为奥斯卡二世地。

1901年到1903年，瑞典派出由奥托·诺登舍尔德（Otto Nordenskiold）博士率领的探险队，乘"南极洲

蓝冰

号"向威德尔海行进，到达南极半岛东海岸雪山岛。他们一行六人带上越冬物品上岛，约定"南极洲号"在夏季再来接他们。但是，"南极洲号"驶离后不久就被冻在浮冰中，在随冰漂流时撞毁沉没，船上的20人逃到鲍勒特岛。1903年夏季来临时，他们划小艇来到雪山岛，由阿根廷政府派出的"乌拉圭号"营救船也同时达到。探险队带回了化石标本和地质、地貌、气象、植物、动物等多方面的资料。

1902年11月2日，威廉·布鲁斯（William Bruce）率领苏格兰探险队乘"斯科舍号"（Scotia）从克莱德起航，试图打开一条进入威德尔海的航道。1903年在南纬72°25′受到海冰阻挡，被迫退到南奥克尼群岛。不久，船被封冻在劳里岛的海湾中。他们在这里建立了南极的第一个观测站——南奥卡达斯气象与地磁观测站，1904年，这个站转给了阿根廷政府，沿用至今。

往岛内走，远远看见了成群结队的企鹅，我和同行的不少人都小声惊呼起来。为了不惊扰企鹅，工作人员提早上岛，给我们划定了行进路线。他们每隔10米左右，便插上两面小旗子。两面旗子间距一米左右。两根旗杆平行，则可以通过，但一定要从两旗中间穿过；两根旗杆交叉，则不许通过。

这里是企鹅的领地，我们登堂入室，自然要看主人的脸色行事。当我们诚惶诚恐、小心翼翼的时候，

帽带企鹅

企鹅们对我们却视而不见，像从前的主人见到仆人一样大摇大摆，傲气十足。远远看见一两位主人四平八稳踱步而来，我们就得早早停下脚步，为其让路。尽管我们恭敬有加，工作人员还是不停地提醒、监督，要我们小声说话，保持距离之类，唯恐有一丝一毫的过失。

我们见到的企鹅叫"南极企鹅"，嘴巴、眼眶、头顶、颈后、后背是黑的，面颊、颈前、前胸、肚子是白的。它的黑色头顶像一顶帽子，另有一条黑带子穿过下巴和左右"帽沿"相连，像一根帽带，所以人们称它们为"帽带企鹅"。这种企鹅喜欢群栖，多时可达10万只以上，南极大陆有300万只这样的企鹅。

只见企鹅们密密麻麻地伫立在四周高处的顶端。

巴布亚企鹅（金图企鹅）

在明媚的阳光下，有的闭目养神，有的若有所思，有的仰天长啸，间或有一只、两只、一队、两队下坡游荡。有的去小溪旁，有的去大海边，玩够了，再返回原处。它们的的体形显得有点笨拙，而上坡下坡，越石涉水却十分灵巧，遇到沟沟坎坎都是两翼张开，双脚齐跳，居然没看见有失足者。有趣的是，它们两只或两队相遇，一律左行，狭路相逢时，也很礼让，交通秩序比我们人类好多了。

企鹅每年恋爱、结婚一次，严格实行"自由恋爱"和"一夫一妻"制。产下蛋后，夫妻共同孵化、养育。小企鹅可以独立生活后，父母的夫妻关系就宣告结束。

我问专家："企鹅应该归哪一类动物?"

阿德利企鹅

　　专家回答我："它属于鸟类，而且是海鸟。在南极区域的海鸟中，只有企鹅不会飞。南极有一亿两千万只企鹅，占南极地区海鸟的百分之九十。"

　　企鹅可以冒着零下几十度的低温，挺立半个多月。海豹的防寒特性企鹅都有，企鹅还有另外的优势，企鹅全身均匀地布满了羽毛，已有的羽毛不会老化脱落，而新的羽毛又不断长出。这样，新旧羽毛重重叠叠、密密实实，能够包住大量的气体，连海水都渗不进去。在极地的冬夜，企鹅的茸毛层能吸收到红外线，这种红外线的热量可以透过羽毛层和茸毛层储存起来。企鹅平时在海洋里吃磷虾和其他浮游生物。这些食物中含有的碳水化合物会转换成企鹅皮下脂肪，企鹅的皮下脂肪厚达 3 厘米。另外，企鹅有种生活习性，当气温降低到零下 10 ℃，它们就把热量消耗降到最低点。如果气温再降，它们就成千上万只紧紧拥挤在一起，使身体周围的温度保持在 23 ℃左右。

附：

南极大陆的边缘、岛屿和南大洋中，活跃着成群的企鹅。鸟类专家估计，南极地区有一亿两千万只企鹅。

南极地区的企鹅有八种：

1. 帝企鹅

人们称之为"企鹅之王"。在南极企鹅中分布最广、数量最多。胸腹是白色的，背臀是黑色的。羽毛为适应海洋环境而呈鱼鳞状，翅膀退化后呈鳍状。身高 1.2 米左右，体重 40 多公斤。躯体呈流线型，在海里十分灵便，在陆地上则十分笨拙，靠脚掌、尾巴和前肢保持平衡。走起路来，昂首挺肚，摇摇摆摆。遇到险情时，则立即卧倒，张开前肢和双脚，像游泳一样，在雪地上匍匐滑行。繁育后代的时间选择在严冬，在严酷的极夜产卵、孵化，虽然环境艰苦，但可以免受凶猛动物的袭击。一般由雄企鹅孵卵，雏企鹅在七八月间孵出。经过 5 个月的发育，到温暖的十二月来临，便随父母游到生物丰盛的海域锻炼独立捕食能力。

2. 王企鹅

和帝企鹅同属，异种，形态相似。身高 90 厘米左右，体重12公斤左右，躯体大小仅次于帝企鹅。不同的是，身材苗条，嘴巴细长，脖子下的红色羽毛较为鲜艳。

3. 巴布亚企鹅

又叫金图企鹅。眉清目秀，潇洒风流。身高60多厘米，体重5公斤多。

4. 阿德利企鹅

身高55厘米左右，体重4公斤多，躯体大小只相当于刚会走路的帝企鹅。在南极地区分布之广，数量之多，和帝企鹅不相上下，主要栖息在阿德利地。

5. 冠企鹅

头顶上长着稠密而漂亮的冠毛，像古代花花公子的头饰，因而又称"纨绔企鹅"。

6. 长冠企鹅

和冠企鹅不同的是，冠毛在两眼上方，冠毛稀疏。

7. 南极企鹅

因为看起来像戴着帽子，系着帽带，显得威武、刚毅、果敢，俄罗斯人称其为"警官企鹅。"

8. 麦哲伦环企鹅

身材矮小，叫声刺耳，像公驴叫声，因此，又称"公驴企鹅"。比南极企鹅更喜欢群居，群居数量多达百万。

附：

南极地区的鸟类共41种，可大致归为信天翁类、海燕类和海鸥类。其中，最常见的是企鹅、信天翁、巨海燕、雪海燕、南极燕鸥、南极鸽、海鸥、蓝眼鸬鹚和南极贼鸥。

南极鸟类都是夏天繁殖，大都在南极半岛和亚南极的岛屿上筑巢生蛋，每次生一到两枚蛋，雌雄轮流孵卵，共同抚养幼雏。雏鸟一般两个月左右就可以随父母下海游泳，捕食。

南极鸟类总的特征是，飞翔能力强，能在陆地、海冰和水上栖息，主要以南极磷虾为食，也吃鱼和乌贼。

穿过一个岩石通道，我们眼前出现了一个小海湾。

水边，一只海狮慵懒地躺着。和我们一样，海狮是南极洲的客人。它们的繁殖地在亚南极岛屿边缘，如克尔盖朗岛、南乔治亚岛、马尔维纳斯（福克兰）群岛，只有夏天换毛时，才到南设得兰群岛沿海，到春天再返回故地。它们以头足软体动物乌贼、章鱼和鱼类为食。

海湾的坡地上，还趴着几头懒洋洋的海豹。任凭我们走过注视、拍摄，海狮、海豹们都不理不睬，我觉得从来没有这样被忽视过。这时，几只企鹅远远走来，海豹占据的地方是它们的必经之路。我仔细观察，想看它们相遇时，会发生什么。然而，当企鹅从海豹之间穿行而过时，海豹们都熟视无睹。

返回到登岸的地方，在高耸的岩石上，几只雪海燕正飞腾跳跃。雪海燕是南极海燕类中最美丽的一种，因为外形十分像鸽子，又名"南极雪鸽"。南极地区有三十多种飞鸟，只有雪海燕是土著，其他都是外来的侨民。和企鹅比起来，雪海燕单薄多了。但论起御寒，一样功夫了得，它们的双脚可以在比身体其他部分低几十度温度的情况下照常活动。

和它们洁白的羽毛十分相称的是，雪海燕的品性十分纯洁。它们是一夫一妻制，只要结合在一起便恩爱无比。它们11月底或12月初产蛋，每年只产一枚，夫妻轮流孵蛋，六十多天孵成。夫妻轮流到海里捕食喂养雏燕，对雏燕疼爱有加。一个月后，雏燕就可以出巢自己捕食。五年后，便成年，可以成婚了。

下午，我们游览了欺骗岛（Dception Island）。大家都觉得这个岛的名字很怪，导游解释说，20世纪初的一天，南极海域大雾弥漫，几个捕鱼人偶然在这里发现了一个岛屿，可海水一涨，岛又不见了。"欺骗岛"的名字由此而来，有人又称这个岛为"迷幻岛"，这就是西方人通常所说的"幽灵岛。"

"欺骗岛"呈"C"字形，缺口很小，只有230米。我们从缺口进入，里面是一个长约9公里，宽约6

帽带企鹅

公里的大海湾。四周都是由黑色、褐色、黄色、灰色粉状和块状物质堆积而成的山体，又高又尖，和南极其他地方的面貌完全不同，猛一看，还以为到了月球。导游说，那些都是火山灰，我们所在的位置是当年的火山口，现在已经被海水淹没了。听了这话，我倒吸了一口冷气，心想，如果现在火山爆发，我们可就撞在枪口上了。

别的海面又是浮冰，又是积雪，这里的海水却热气腾腾。导游说，这里有几处温泉喷涌，所以这里是南极唯一能享受温泉浴的地方。不过，享用的人得有良好的心理和足够的勇气，如果总想着温暖的海水会不会变成炽热的岩浆，那最好躲得远远的。

不知是不是因为有温泉，的确有实物证明，这里是人类最早开拓南极的地方。

1829 年，英国海军队长亨利·福斯特就来这里测量过地形。

1906 年，挪威和智利的捕鲸公司开始在这里的韦勒斯湾建立鲸油加工厂。

1908 年 8 月 15 日，法国著名的探险家让·巴蒂斯特·夏科特（Jean Baptiste E. A. Charcot）指挥"何不号"（Pourguoi pas）从勒阿港（Le Havre）出发，直驶南极，测绘了欺骗岛、阿德雷岛，以及沿途的海湾、海岸。

附：

巴蒂斯特·夏科特的父亲让·马丁·夏科特（Jean Martin Charcot）是巴黎萨尔佩特里埃尔医院的神经外科医生，他自己也是医学家，但他对探险更感兴趣。他探险的重点是南、北两极，曾两次到达南极。1903年8月31日，他乘坐"法兰西人号"（Francais），离开布雷斯特（Brest）经阿根廷到旺代尔（Wandel）岛过冬，一路测量了九百公里海岸的水文地理。1905年，夏科特返回法国，建造他的新邮船"何不号"。之后，第二次前往南极。夏科特在笔记中写道："两极地区的诱惑力是从哪里来的呢？那么强大，以至于我才回来就忘掉了身心两方面的疲惫，只想着再去。这些地方荒凉又吓人，那闻所未闻的魅力，是从哪里来的呢？"

1914年第一次世界大战爆发后，夏科特去北极考察。

1936年9月16日，在一场暴风雨中，夏科特和他的"何不号"在冰岛阿弗塔纳（Aftanes）外海同归于尽。

从1910年开始，这里成为进入英属极地的中心港口。为了纪念亨利·福斯特，港口被命名为"福斯特港"。

1918年，英国水兵占领了这里，也在这里大肆捕鲸，炼制鲸油。在当年英国人留下的木牌上写着，到 1931 年为止，英国人在这里炼制了 360 万桶鲸油。

后来，英国、阿根廷、智利都在这里设立了科考站。

1952 年 2 月 1 日，都对这里有领土要求的阿根廷海军和英国海军相遇时发生了炮击事件。

1967 年 12 月 4 日，烈焰突然从岛内的福斯塔湾北端的海底喷射而出，炽热的岩浆和浓浓的烟雾升腾到几百米的天空，震耳欲聋的响声打破了这里的宁静。顷刻之间，英国、阿根廷、挪威的科考站化为灰烬，挪威的鲸鱼加工厂被吞没，英国的一架直升飞机被掩埋。

幸好阿根廷科考站事先发出了预报，三个站的人员都提前撤离了。据说，岛上的企鹅、海豹在火山爆发前，早就不见了踪影。

火山喷发持续了十几天，到 17 日才停止。这时，海岛已面目全非。福斯塔湾内隆起了一个新的小岛，多处涌出温泉。

以往，这个小岛用平静和美丽掩盖了活火山的危险，这也是名为欺骗岛的另一个原因。

1969 年到 1970 年，这里的火山又喷发了一次。

现在，岛上所有的设施都成了历史的遗迹，只能供游人参观。

我们一上岸，就感到了海水中蒸汽的温度，闻到了淡淡的硫磺气味。环顾四周，仍然见不到企鹅、海豹的影子，只有零星的几只小海鸟。没走几步，看见地上有成片的大骨头。导游说，那都是鲸鱼的骨头，是鲸鱼加工厂留下的废料。在鲸骨的旁边，有两三只破旧的木船，被火山灰埋掉了大半，导游说，这些是那时加工厂进出的交通工具。在岛内的另一端，我们看见了几个巨大的油罐，成排的厂房、办公室和住房。房屋都不大，也很简易，以木结构为主，里面还散落着一些生产工具。

在厂区的空地上，惊现了两座西式坟墓。坟墓都是用石块垒砌的，上面插着木制的十字架。仔细看十字架上的英文，其中一位是 1971 年去世的。我问导游，这里 1967 年就废弃了，怎么 1971 年去世的人还会埋在这里，导游也不知道怎么回事。

我想，这只有两个可能，一是后来到南极来探险的人，二是附近科考站去世的人。

突然看到这两个坟墓，我心里一抖，紧接着是无比的沉重和感伤。

这样的感觉，以前曾经有过一次。1987 年 1 月，我前往云南老山前线。快到一线的时候，见路边的一眼眼山泉都被绿色的军用塑料布围着。我暗暗琢磨，这是干什么的，是简易厕所，还是简易浴室。身边的老兵告诉我，这有特殊用途——前线的尸体运下来以后，先在这里清洗一下，再运到后方。

欺骗岛上的坟墓

那一刻，我陡然意识到，战争已不再停留在屏幕上，它已经到了身边；死亡也不再艺术化，它的残酷是这么真切。而且，在我们痛惜别人的时候，自己也随时可能被运到这里。想到这些，我沉默许久。

到南极大陆之前，看了不少发生在这里的探险传奇，心里有畅快，也有别扭；有赞叹，也有痛惜；有振奋，也有感伤……但这一切都只停留在书面上，画片里和我的想象中。这两座坟墓的出现，才让我真正感受到南极意味着什么，南极探险意味着什么，南极开发意味着什么。这里是天堂，也是地狱；有成功的辉煌，也有失败的阴霾；有生存的喜悦，也有死亡的悲哀……这些已不再相距千万里，间隔几百年，我已身临其境，感同身受。

我从旁边捡来石块，分别垒在两座坟墓上，心里默默地为这两位有勇气，但不幸的人祈祷，愿他们安息。

　　姜宏涛对我说："不要多待了，快走吧，不吉利。"

　　我说："不要紧。"心想，他们都是和我一样敢冒险的人。我怜惜他们，为他们服务，祝他们安息，他们会保佑我的。

　　看着这两座坟墓，又想到了南极洲的另外两座坟墓。一座在麦克默多海峡（McMardo）的埃文斯角，墓主人是英国皇家海军上校罗伯特·福尔肯·斯科特（Robert Falon Scott）；另一座在南乔治亚岛（South Georgia I.），墓主人是爱尔兰探险家欧内斯特·沙克尔顿（Ernest Shacklton）。

　　1899 年，英国工业巨子卢埃林·朗斯塔夫（Lewellyn Longstaff）和《每日邮报》的创办人、报业巨子阿尔弗雷德·哈姆斯沃斯（Alfred Harmsworth）在英国皇家地理学会会长克莱门特·马卡姆（Clement Markham）的鼓动下，各出一笔钱，资助皇家地理学会到南极探险，英国政府补足了其余的费用。于是，马卡姆立即着手设计制造"发现号"（Discovery）探险船，招募探险人员。探险队队长由 32 岁的英国皇家海军少校斯科特担任，这是他第一次去极地探险。队员包括 26 岁的探险家沙克尔顿，他担任探险船的大副，另外还有一个重要人物——博物学家爱德华·威尔逊

（Edward Wilson）。

1902 年，"发现号"行进到南极大陆罗斯海海岸的埃里伯斯火山脚下。探险队在这里度过了冬天。11月初，斯科特、沙克尔顿、威尔逊三人拉着雪橇，朝正南方向挺进。

附：

埃里伯斯火山是世界上最南的活火山，在南极洲罗斯岛上（南纬 77°35′）。1841 年 12 月 18 日，英国探险家詹姆斯·克拉克·罗斯（James Clark Ross）首先发现小岛上有喷烟和火焰，便以他乘坐的船名命名它为"埃里伯斯火山（Erebus）"，音译"埃里伯斯"，意思为"黑暗"或"地府"，是提示人们接近这座火山的危险性。此火山海拔 3794米，基座直径约 30公里。

出发之前，有人建议他们用狗拉雪橇，斯科特坚决拒绝了。信赖人力，爱护动物是英国皇家海军的一贯精神。1899 年 9 月 29 日，斯科特在柏林举行的第七届地理学大会发言说："最近在北极大量利用狗来从事旅行。然而，我们不能拿有狗的情况和没有狗的情况作比较。事实上，在北极，只有一次重要的远征利用了狗，就是罗伯特·埃德温·皮里先生（Robert Edwin Peary，美国探险家）穿越格陵兰的那次远征。但是如果没有当地的人力支援，他可能已不在人世，而且他

水中企鹅

最后只剩一条狗，其余的全都累死，或者杀掉喂别的狗了，这是一个很残酷的方法。"

12月底，因为劳累和饥饿，沙克尔顿得了坏血病。三个人不得不往回走。

附：

人类很早就发现了坏血病。约公元前1550年，埃及医学文集《埃伯斯纸草文》已经提到过这种病。古代印度三大医学家之一的素什腊塔在他的著作中说，得这种病时，患者"齿龈突然出血并逐渐腐烂、发黑，分泌黏液，发出臭气"。

在近代早期的西方，坏血病是无法打败的海上幽灵。

1497年7月9日到1498年5月30日，达·伽马发现了绕过非洲到达印度的航线。他的160个船员中，有一百多人死于坏血病。

1519年，麦哲伦率领的远洋船队从南美洲东岸向太平洋进发。3个月后，有的船员牙床破了，有的船员流鼻血，有的船员浑身无力。到达目的地时，原来的二百多人，活下来的只有35人。

到了18世纪中叶，坏血病得到了控制。为此作出贡献的是英国航海家詹姆斯·库克和英国科学家詹姆斯·林德。

1747年，林德在船上做了一个著名的实验。12名患有严重坏血病的海员，令两个人每天吃两个橘子和一个柠檬，另外两个人喝苹果汁，其他人喝稀硫酸、酸醋、海水。6天后，吃水果的人好了。林德认为，水果中含维生素C，这就是特效药。

库克也发现，坏血病和缺少新鲜蔬菜和水果有关。每到一个地方，他就派船员上岸购买蔬菜、水果。于是，坏血病就得到了控制。

后来的医学家证实，维生素C是治疗坏血病的良药。

1902年1月，"早晨号"前来换班，而"发现号"还困在冰里动弹不得。斯科特让沙克尔顿等人先回国，自己按照马卡姆的指示留下来过第二个冬天。沙克尔顿不愿意回去，斯科特强制他服从了自己的决定。1904年2月15日，一阵东南风吹散了"发现号"周围的浮冰。"发现号"立即脱身驶往新西兰。斯科特无功而返。

沙克尔顿回到英国后，一直努力争取资助，以便重返南极。

1907年2月，工业巨头威廉姆·比尔德莫尔（William Beardmore）同意给他捐款。几天后，沙克尔顿到皇家地理学会商谈南极探险事宜。这一天，已颇具影响的挪威探险家罗尔德·阿蒙森（Roald Amundson）也到了皇家地理学会。阿蒙森是来演讲的，演讲的内容是他如何穿越了西北航道。

第二天，沙克尔顿即将去南极的消息就在报纸上登出了。

　　沙克尔顿使用的船是捕海豹船"宁录号"，共有16名船员。他的停靠点是埃里伯斯火山旁的麦克默多海峡。但是，斯科特对他说，那里是自己的领地，让他改换地点。沙克尔顿于是把目标定为鲸鱼湾（La baic des Baleines）。1908 年 1 月，"宁录号"到达了鲸鱼湾。但是，湾内被浮冰堵塞了。沙克尔顿转向爱德华七世岛，那里也积满了浮冰。沙克尔顿没有办法，只能停靠在麦克默多。为此，斯科特对他非常不满。

　　度过了一个冬天之后，沙克尔顿开始向南极大陆心脏进发。不知是受了斯科特的影响，还是另有原因，沙克尔顿同样拒绝用狗拉雪橇。他买了十匹满洲种小马。然而，行动还没开始，马就死了六匹。最后，雪橇还是由人拉。这次，沙克尔顿吸取了上一次因营养不良，得上坏血病的教训，听取了医生的建议，在过冬期间一直吃海豹肉，行动中吃干肉饼和饼干。

　　1908 年 11 月下旬，沙克尔顿打破了上一次斯科特率领他们创造的纪录。而且，他发现了一个冰川。这个冰川是个斜坡，但很平缓，长达两百公里，尽头升到两千米，通往南极高原。他把这个冰川命名为"比尔德莫尔冰川"。冰川边缘有一条山脉。他把这条山脉命名为"亚历山德拉王后山"。因为，在他出发前，英国亚历山德拉王后把英国国旗交给他，让他插到南极点上。

1909 年 1 月 9 日，沙克尔顿和他的队员们停下了脚步。他们已行进了 2900 公里。他们所在的地方离南极点大概还有 150 公里。这时，他的队员们筋疲力尽，食物也所剩不多。于是，沙克尔顿把英国国旗插在这里，就此罢休。

回到船上后，沙克尔顿高兴地得知，派去勘测维多利亚地的三个队员已经到达了南磁极。

附：

按照德国数学家卡尔·弗里德里希·高斯（Carl Fredrich Gauss）的预言：在发现北磁极之后，一定有一个南磁极与之对应。这个磁极的位置应该在南纬 66°、东经 146° 的交点附近。

附：

南磁极是由沙克尔顿组织的探险队于 1909 年 1 月 16 日首先找到的。当时它的位置是南纬 72°25′、东经 155°15′。从 1909 年到 1975 年，南磁极向北偏移了八百多公里。科学家们发现，地球磁场不仅经常改变位置，而且还曾在漫长的地质历史中多次发生倒转。为什么会这样？至今还是个谜。

1909 年 6 月 14 日，36 岁的沙克尔顿回到英国，成了轰动一时的英雄，被国王爱德华七世封为贵族。

这时的斯科特已晋升到了上校，虽然早已养精蓄锐，新的行动却困难重重。皇家海军不支持他。那时风传即将发生战争，海军部认为投资建造装甲舰更重要。科学机构支持他，却得不到捐助。斯科特不得不在《泰晤士报》上公布了探险计划，呼吁全国捐赠。他靠募得的资金，加上政府的补助，最终成行了。

斯科特使用的是苏格兰捕鲸船"新地号"。他的队伍共有65人，还配备了3辆履带车，17匹西伯利亚小种马和30条西伯利亚狗。

正在这时，半路杀出了个阿蒙森。阿蒙森和他的探险队本来的计划是从白令海峡出发，越过北极点。没想到，正当他的"弗拉马号"（Fram）停泊在挪威首都奥斯陆的港湾购买食品和装备时，传来了一个消息：皮里等人已到达北极点。阿蒙森因此改变了行程，直奔南极。

阿蒙森发电报把这一决定告诉了斯科特，斯科特怒不可遏。

1911年1月，阿蒙森指挥的"弗拉马号"和斯科特指挥的"新地号"在离南极大陆不远的海上相遇。这对冤家对头交换了意见，之后各奔前程。

"新地号"停泊在斯科特的"领地"麦克默多湾。斯科特率领他的队员在埃文斯角建立了基地。斯科特有两个计划：一是和科学家们进行地球物理学和博物学研究，二是带一组人踏上南极点。

一周之后，1911 年 1 月 14 日，"弗拉马号"到达鲸鱼湾。阿蒙森比沙克尔顿的运气好得多，没有碰到太大的障碍。他和他的八个同伴登上了罗斯冰棚，建立了"弗拉马汉姆（Framheim）基地"，保证了他们自己和带来的 110 条爱斯基摩狗能安全过冬。

斯科特重点布置了他的科研工作。不久之后，他和他的团队在气象学、冰川学、地质学和帝企鹅研究方面都有了很大的收获。

阿蒙森和他的伙伴在秋季里把一吨半的食物分成三份，分别存放在前往南极点的路上的南纬 80°、81°、82°的位置。冬季，阿蒙森训练狗，仔细准备装备。

1911 年 10 月 20 日，在南极大陆的春天里，阿蒙森和他挑选的四个伙伴带着狗拉雪橇，向着南极点进发。他们的基地离南极点的距离，比斯科特的基地离南极点的距离近 120 公里。

十二天后，斯科特的人马也启程了。在这之前，斯科特在这条路上设了一个物品储存点。

阿蒙森的小组平均每天走 23 公里，行程安排得很紧。途中最艰难的是翻越布满裂缝的阿克塞尔·海贝（Axel Heiberg）冰川。在冰川顶上，阿蒙森杀死了多余的狗，只留下了 18 条拉 3 辆雪橇。12 月 10 日，在离南极点还有一百公里的时候，高度开始降低。

这一天，斯科特的人马行进到了比尔德莫尔冰川前。驮东西的马在纷飞的大雪中步履艰难，身上的汗

天蓝海的"大地之母"

结成了一层冰。斯科特下令把马杀掉，把马驮的东西分装到四架雪橇上，每架雪橇由四个人拉。这里，离南极点还有750公里。

12月14日，阿蒙森和他的伙伴们到达了南纬90°。他们在这个南极点上插上了挪威国旗。在这之后的三天，他们用六分仪测量了太阳的高度。这一工作是皮里在北极点没有做过的。阿蒙森临走的时候，怕归途中出事故，不能安全返回，便给斯科特留下了一封信："亲爱的斯科特队长，你们很可能是我们之后最先到达这里的人。我可以请您把附在此信内的一封信送给哈康七世国王（Haakon VII，挪威国王）吗？留在帐篷里的装备，如果还能对你们有点用处，请不要犹豫，取去用吧。衷心祝愿返程一路顺风！谨启。阿蒙森。"

阿蒙森返程的第四天，斯科特的队伍才攀登过了比尔德莫尔冰川。斯科特让大半队员返回，只挑选了四个人和他继续向南。1912年1月16日，他们看到雪地里有一面黑旗帜。斯科特在日记里写道："一看就知道大势已去，挪威人抢先了……"

1月18日，他们终于到达了南极点。

他们返回时，开始很顺利，一直吹着南风。他们在雪橇上张开帆，节省了不少力气。尽管如此，他们还是疲惫不堪。2月17日，一个队员摔了一跤便再也没有起来。3月16日，另一个队员得了坏疽病。他不愿拖累大家，一个人走出帐篷，投入狂风暴雪，消失得无影无踪。3月21日，斯科特和两个同伴到达了离物品贮存点很近的地方。这时暴风雪越来越大，劳累、寒冷、饥饿对他们来说都达到了极限。斯科特给全体英国人民写了一封信：

"我们会遇上这场灾难，不是由于组织上有缺陷或不够完善，而是由于我们这一路冒险，运气实在不太好。

一、1911年3月，小马猝死，以致延迟了出发的时间。而且我不得不减少起初预定要携带的食物。

二、去时天气状况恶劣，尤其是在南纬83°处长时间的大风，延误了我们的行程。

三、在冰川下部边缘松软的地区，雪很软，一不小心就会陷下去，更减慢了我们前进的速度。

我们与这些难以预料的情况搏斗，坚韧不拔，终而战胜了逆境。不过，因为预先动用了储备粮，也付出了代价。食物和衣服供应无缺，整条通往南极的路线长达1300公里，这条路上部署了好几个补给站，另外还有一个接一个的仓库，都让我们在各方面得到了满足。

埃文斯是我们中间最吃苦耐劳的人，要不是他意外地突然昏倒，队伍就可以安然回到比尔德莫尔冰川，而且还有足够的补充食物。

若是天气好，比尔德莫尔冰川并不难走，但是在我们返回时却没有遇上一天真正的好天气。再加上埃文斯病了，真是雪上加霜，情况变得非常糟糕。

前面说过，我们进入了一个高高低低起伏的冰川区，埃文斯就在这儿摔了一跤，大脑受到了震荡，他是自然死亡的。他离开我们这支衰弱不堪的队伍时，我们竟又逢上了一个早来的冬季，不幸啊！

这一切遭遇，和在冰棚上等着我们的噩运相比，就算不了什么了。我可以断言，我们撤退时所采取的各种措施是恰当的，只是没有人能预料到，我们在这段时间会遇上的气温这样低，而降雪又多得可怕。

在 85°～86° 纬度处的高原上，气温约在零下 28 ℃和零下 34 ℃之间。然而在冰棚上，纬度 82°，海拔低于 3000 米，我们通常要忍受白天零下 34 ℃，夜间零下 44 ℃的低温，行进中还会不断遇上逆风。

这些情况多少来得有点突然。我们的损失全怪突如其来的坏天气，产生这种天气的原因不明。

我想，世上的任何人也从没有经历过像我们所经历过的那样一个月。如果不是另一个同伴奥茨船长病了，如果不是收藏在库房里的燃料莫名其妙减少了，还有，如果不是飓风来袭，我们一定能够成功。

那场飓风把我们挡在离仓库 20 公里外的地方。我们本来希望去仓库找食物，准备在最后一段旅途中食用。难道还有比这更坏的运气吗？

我们剩下只够两天吃的食物，以及只够烧一顿饭的燃料。我们一直在帐篷里滞留了四天，飓风在我们周围呼啸。我们很虚弱，写字都很困难。但从我个人来说，我并不后悔进行这次探险，它表现出英国人可以承受苦难，能够互相帮助，即便在面对死亡时也可以一如既往地保持坚忍、刚毅。我们有冒险的举动，我也知道我们是在冒险，因此，虽然后来的情形不利于我们，也没什么可抱怨的，只把一切当作是上帝的旨意，并决定拼尽我们的全力做到最好，直至最后。"

1912 年 3 月 29 日，斯科特写下了最后一篇日记："我们每天都准备出发，走向 18 公里外（他前文写的是 20 公里）的食品储存点，但帐篷外是大雪纷飞的景象，我无法设想现在能有什么更好的做法。我们将坚持到底，但我们已越来越虚弱，结局已不远了。说来很可惜，恐怕我已不能再记日记了。"他签了名："R·斯科特"。又用衰弱无力的手再补充了一句："看在上帝的面上，务请照顾我们的家人。"

附：

南极大陆是世界上平均高度最高的大陆。它的平均高度是 2350 米，内陆高原平均高度为 3700 米。当然，它的高度主要得益于极度厚重的冰雪。冰的平均厚度为 1700 米到 1800 米。

附：

南极大陆平均温度为零下 25°C，最低温度出现在东面极洲内陆的高原。高原的平均温度约为零下 56°C。 1960年8月24日, 苏联的"东方站"记载了零下88.3°C的极低温度。 1967年初, 挪威在极点记录了零下94.5°C的最低温度。 1968年7月20日, 美国的"高原站"记下了零下86.1°C的最低温度。

附:

南极大陆是世界上最多风和风力最大的地方。1913年, 澳大利亚科学家道格拉斯·莫森(Douglas Mawson)在阿德利地的杰尼逊角测试, 记录下每秒15米以上的风速一年达340天。 1951年, 苏联"和平"站记录到每秒50米的风速。

附: 南极为何这么冷?

首先, 极点的年均日照量只有赤道地区的一半。其次, 南极地区地表为冰雪覆盖, 雪对日照的反射率高达80%～84%, 来自太阳的能量相当大的一部分被反射掉了, 剩下使地面变暖的部分不足20%。再次, 同样是极区, 与中心部分为海的北极地区不同, 南极地区的平均高度为2300米, 是海拔高度相当高的大陆冰盖。在自由大气中, 高度越高, 气温越低, 每上升一千米, 气温下降6.5～10°C。

一年后, 三具尸体被另外一支远征队发现。他们都死在各自的睡袋中。斯科特的手臂压着他的日记本及最后几封信。其中一封信写道: "如果我们能活下

114

去，我会把我的伙伴们的刚毅、忍耐和勇敢的精神讲给每个英国人听，以激励他们。"

同时发现的还有 18 公斤化石和标本，照相机和不少已拍摄的底片。

斯科特给全体英国人民的信，现在完好地保存在英国伦敦大英博物馆。

附：

西伯利亚小种马驮重 800 公斤，每天吃 5 公斤食物。狗驮重 50 公斤，每天吃 0.75 公斤食物。小种马会陷进深雪里。又因为小种马是通过全身皮肤出汗，遇到暴风雪时，毛上会结一层冰，对身体有很大损伤。狗通过舌头出汗，在零下 40°C 的暴风雪中，还能安然入睡。

附：

1957 年，美国在海拔 2800 米，南纬 90° 的地理极点建立了 "南极点站"（South Pole Station），又名 "阿蒙森—斯科特站"。这是为纪念阿蒙森和斯科特两位探险先驱先后登上南极点的伟大壮举而命名的。

斯科特死后，沙克尔顿给自己定立了更高的目标。他要 "最先完成横贯南极大陆的伟业，以挽回英国的声誉，告慰斯科特上校的亡灵。"

他的行程长达 3300 公里。他预计 120 天可以完成。

这时，爆发了第一次世界大战。沙克尔顿不知该不该出发。英国海军大臣丘吉尔（Winston Churchill）命令他不要犹豫，立即启程。

1914 年 8 月 1 日，沙克尔顿率领"持久号"（Endurance）从伦敦出发。12 月，"持久号"达到了威德尔海。另一艘"极光号"（Aurora）驶向南极大陆另一边的罗斯海，准备接应他们。1915 年 1 月 18 日，沙克尔顿碰到了麻烦，"持久号"被海冰包围了。

从 1915 年 1 月 20 日到 10 月 27 日，"持久号"随着浮冰群漂流，每天 9 公里。船上的 28 个人，或是猎取海豹和企鹅，或是冒险与逆戟鲸争夺猎物。他们怀着不安的心情，谈论远方的战争。

冬季就这么过去了。到了春季，真正的难题来了。随着可航行的水面出现，浮冰在压力推挤下形成高峰，威胁船的安全。

"持久号"船长沃斯利描绘说："两块巨大的浮冰封住船的两侧，另一块攻击船尾，船舵就像一根火柴杆似的一下子撞掉了……这一下撞击简直无法形容，就像发生了一次大地震，整个世界都摇晃起来。"

10 月 27 日，沙克尔顿下令解下求生小船撤离。探险队应该朝 560 公里以外的波莱岛（Paulet）前进。可是前进的速度很慢，一个星期才走了 18 公里。沙克尔顿退而求其次，改在一块结实的大浮冰上漂流。结果他们足足漂流 5 个月。

1916 年 4 月 8 日，探险队的摄影师赫尔利（Franck Hurley）说："浮冰群里的大块浮冰，在狂风巨浪的吹打下，变得越来越碎。无论把小船放下水去，还是在大浮冰上扎营，都是极危险的事。"

沙克尔顿把所有的人分到三艘小船上。

1916 年 4 月 15 日，他们总算漂到了海象岛。这是世界航海史上罕见的五百天冰上漂流。

1916 年 8 月 30 日，智利的"耶尔乔号"（Yelcho）把他们救了出来。

12 月，沙克尔顿到达新西兰，英国、澳大利亚和新西兰政府特别批准"极光号"开赴罗斯海营救他的另一个分队。

1917 年 1 月 10 日，"极光号"在埃文斯角找到了沙克尔顿的队员。

附：

南极地区（特别是冬季）不断地刮着飓风，大气旋经过洋面时掀起巨浪，使冰盖破裂。在南极冰区航行的船只，有被冰块夹住的危险。1985 年，苏联"米哈伊尔·索莫夫号"科学考察船被冰块夹住，漂浮了 4 个多月，才被一艘苏联破冰船解救出来。英国"发现号"海船在南极冰区竟然被围困了许多年。

罗斯海（Ross Sea）是南太平洋深入南极洲的大

海湾。位于西经 158°、东经 170°之间。1841 年初，英国探险家罗斯为测定南磁极位置，曾率领考察船到这里，故名罗斯海。

海中有个罗斯岛。1902 年斯科特率领的英国南极探险队到达这里，并以罗斯命名。

1921 年 9 月，沙克尔顿率领上次生还的队员，乘坐"探索号"（Discovery），再次奔向南极。他们到达里约热内卢时，沙克尔顿的心脏病突然发作。1922 年 1 月 5 日，"探索号"抵达南乔治亚岛。第二天，沙克尔顿去世了。

沙克尔顿曾在信里对妻子说："我猜你宁愿要一头活驴，也不要一头死狮。"但是，他最终还是没有选择"驴"。

沙克尔顿的同伴们询问他的夫人如何处理他的后事。他夫人说："葬在南乔治亚岛上，因为那里距我丈夫终生向往的地方最近。"

附：

南乔治亚岛是南大西洋南部的火山岛，在南纬 54°15′~54°55′，西经 36°45′~38°5′之间。1775 年 1 月，英国航海家库克勘测此岛并绘入地图，他以英王乔治三世（George Ⅲ）命名该岛。因该岛远在南极，故称南乔治亚岛。

附:

　　为了庆祝《南极条约》签订30周年，6位不同国籍的科学家和探险家自发组成了一个探险队，在1989年到1990年间横穿了南极大陆。他们是中国人秦大河、美国人斯泰格尔、英国人萨默斯、法国人艾蒂安、前苏联人波扬尔斯基、日本人船津圭三。

　　他们用了218天，行程6500公里。此行既有实际意义，又有象征意义，突出的效果是倡导南极洲继续成为国际性的和平和友爱的地区。

　　艾蒂安在回忆文章中写道："……最后我们在南极的隆冬，于1989年7月28日开始远征。夜还很长，但我们最迟必须在3月初到达另一边。这就是说，每天平均差不多要走30公里。

　　从海豹冰原岛出发后，第一个月里，我们在拉森冰棚上穿过暴风雪和冰陷。拉森冰棚位于南极半岛和威德尔海之间。接下来，是从巨大的威尔豪森冰川（Wayerhausen）爬上高原。天气越来越坏。

　　导航系统我们用的是 C. E. I. S. ——（空间电子、信息技术和系统工程空间公司）——所建造的阿尔戈斯信标（Argos），信号由卫星传递到图卢兹（Toulouse）的 C. N. E. S（法国空间研究中心）。我们可以通过无线电接收，每天确定自己的位置。靠一台功能极好的汤姆森单边频带设备，我们和莲塔阿雷纳斯基地进行无线电联系。我们收到世界各地来的鼓励电报，我们也定时播送气象资料。冰川学家泰大河采取粒雪的样品，以资了解整个路程的年降水量。其余的分析则留到以后，到格勒诺布尔（Grenoble）的实验室里做。

10月底，我们沿着埃尔沃斯山和文森山（Vinson）前进。文森山有些山峰高达4900米，是南极洲的最高点。不久以后我们达到爱国者高地（Patriot Hills）。

随着春天来临，离南极近了，天气也幸而好了起来。如果要按时完成我们的计划，每天必须走35到40公里。我们12月11日达到南极，海拔2800米。我们遇见了美国'阿蒙森－斯科特'站的过冬人。他们不顾上级的命令，热情地欢迎我们。美国当局认为，不应向私人性质的探险队提供帮助和救济。

接下来的一段路很困难，因为必须赶到海拔3490米的'东方站'（苏联科学考察站）。这个地方现在被看作是冷极，最低气温达到零下87.7°C。在1200公里的行程中，从南极到东方站，虽值盛夏，温度常常在零下30°C到35°C之间变化。

1月18日到21日，苏联人极其殷勤地款待我们，我们在东方站停留了三天。这儿跟法国人有许多来往。几年来，由洛里于斯率领的一组人和苏联人一同工作，在冰上钻探，深达2500米。另外，格勒诺布尔的冰川学家珀蒂（J. R. Petit）博士和两名合作者，在我们到达前几天，刚乘一架美国大力神飞机离开。

最后我们终于按照原计划，于1990年3月3日到达'和平站'。到达的时候，因为是冬季即将到来，黑夜的时间延长了。我们的行程中，温度甚至已降低到零下45°C。大海也开始结冰。我们一刻也没停，立即上了极地船'祖勃夫号'，开往澳洲的珀斯（Perth）。"

返回的路上，导游在海边捡到了一个被冲上岸的，已经死了的小小的海洋生物，仔细一看，是磷虾。

磷虾有点像萤火虫，可以发光。磷虾是类似于虾类的浮游甲壳动物。它和对虾很相似。因为眼睛黑，又被称为"黑眼虾"。它外表呈金黄色、体内有球形发光器，一到夜晚就发出蓝绿色磷光。因此，人们都喜欢叫它"磷虾"。有人说，南极洲最有代表性的动物应该是磷虾，因为，它是南极海域食物链中最主要的角色。活跃在南极海域的鸟类和哺乳动物如此之多，正是因为海域中存在大量浮游生物。浮游生物中，首屈一指的就是磷虾。

天堂湾浮冰

磷虾含有大量高蛋白，是鲸、海豹和企鹅等鸟类的主食。巨大的须鲸一次吞食的磷虾数以吨计。有人断言，磷虾将是人类蛋白质的来源之一。

附：

科学家估计，南极海域大约有50亿吨磷虾。即使每年捕捞一亿五千万吨，也不会影响生态平衡。这意味着，全世界的人每年可以享用30公斤磷虾。

回到邮轮后，姜宏涛对我说："我眼睛有点不舒服，你有没有什么感觉？"

我说："没有啊，怎么不舒服？"

他说："有点疼。"

我说："可能跟雪盲有点关系。明天把墨镜戴上。"

雪的反射率很高，能达到95%，也就是说，太阳辐射的95%都被雪面反射出去了。一般情况下，雪面不像镜子那样直接把太阳光反射到人的眼睛里，而是散射的。人眼长时间受到这种散射光的刺激，会得雪盲症。有时候，哪怕是阴天，不戴墨镜在雪地里活动时间长了，眼睛也会疼痛，甚至暂时失明。

还有一种情况更可怕，那就是"白光"。在南极的雪原上，有些积雪表面是凹面的，像探照灯的凹面一样。这些地方就可能出现"白光"。这种光比普通雪面反射的光集中得多，强烈得多，人们一见这种光就会失明。

有一次，智利探险家卡阿雷·罗达尔在南极工作的时候没有戴墨镜，结果遇到了白光。他感到眼睛疼痛极了，像有人往他眼睛里撒了一把石灰，接着就什么也看不见了。幸亏他的同伴找到了他，把他带回基地。过了三天，他的视力才渐渐恢复。

1958 年，在南极埃尔斯沃斯基地上空，一架直升飞机的驾驶员突然遇到这种白光，顿时失明，飞机失去控制，坠毁在雪原上。

姜宏涛去咨询了克里斯·金医生。医生回答说，这确实是雪盲症的前兆。这两天，因为要摄像，我们怕麻烦，都没有戴墨镜。从此之后，我们便格外注意。

附：

什么是"雪盲症"？

雪盲症就是电光性眼炎，主要是紫外线对眼角膜和结膜上皮造成损害引起的炎症。症状是眼睑红肿，结膜充血水肿，有剧烈的异物感和疼痛，怕光，流泪，睁不开眼。发病期间视物模糊，甚至暂时失明。

雪盲症的预防和护理：

1. 在观赏雪景或在雪地里行走时，最好戴上黑色的太阳镜或防护眼镜。这样就可避免雪地反射的紫外线伤害眼睛。

2. 一旦得了雪盲症，可用新鲜人奶或牛奶滴眼，每次5~6滴，每隔3至5分钟滴一次。牛奶要煮沸冷透。也可以药水清洗眼睛，到黑暗处或以眼罩蒙住眼睛用冷毛巾冷敷。

3. 减少用眼，尽量休息。

4. 良好的环境能及时缓解雪盲的症状，但完全恢复需要5至7天，所以不要急于用眼。

特别注意：

得过雪盲症的人应特别注意防护，不小心会再次得上。再次得上症状会更严重。所以切记不得马虎大意。多次得雪盲症会使人视力衰弱，引起长期眼疾，严重时甚至会永远失明。

晚饭后，我和姜宏涛去酒吧小坐，碰到了随船的科学家帕梅拉·罗瑞，便和她闲聊起来。

她告诉我们，"海精灵"号半年在南极，半年在北极，所以她对南北两极都很熟悉。

我问她："南北两极都是高纬度地区，都是地球上最冷的地区，为什么有不同的动物？比如，南极没有熊，北极没有企鹅。"

她说："这和地质学、生态学、冰川学、动物地理学有关系，和熊类的起源也有关系。南北极的自然环境不同。北极是被大陆围绕的海洋，在欧亚大陆、北美大陆中间。陆生的哺乳动物和海洋哺乳动物与周围大陆的生物、海洋的生物，在生物史上有密切联系，形成了环北极分布的动物区系列。熊类在地球上出现比较晚，现代熊的祖先是中新世晚期的犬熊。从那之后才分布到各地。南极和北极不一样的是，它是被太平洋、印度洋、大西洋包围的大陆。在三亿年前，就是石炭纪末和二叠纪初，整个地球的陆块曾经组合成两个联合的古陆。大约二亿五千万年前的古生代末，联合古陆开始分裂。到了六千万年前，南极洲完全和周围大陆分开，成为独立的大陆。熊类是杂食动物，从北极到温带都有。第三纪由于地球上出现寒冷气候，南北极形成冰川，来不及从极地往温暖地区迁移的喜温动物都灭绝了，只有一些适应寒冷气候的动物在冰川边缘生活。原来以北极植物为主食的穴居熊灭绝了，而一种皮毛厚、吃肉，而且体温调节能力强的熊类在北极生存下来，这就是北极熊。南极洲早在熊类祖先出现之前就被海洋环绕了，不和其他大陆连接，熊类不可能迁移到这里。南极洲没有大陆系的动物，所有动物都属于海洋系。"

我们去甲板上闲逛。不一会儿，下起了雪。这是在南极见到的第一场雪。灯下的雪花随风飞舞，很有意思。看着看着，忽然想到，不对呀，《两极区域志》上说，南极的雪是粉末状的，怎么现在看到的是一朵一朵的呢？静了静心，擦了擦眼睛，定睛仔细看了半天，再次确定没错，是一朵一朵的，不是粉末状。一时间非常疑惑。

冰是蓝色的，雪里泛红泛绿。

海里的冰一点都不咸。

世界上最大的淡水库。

放了八十年的饼干还能吃。

指南针失灵了。

第六章（2月3日）：
南极的冰真漂亮

2月3日上午，我们前往库佛维尔岛（Cuverville）。这个岛是以一位比利时海军副司令的名字命名的。

快临近时，不知谁惊叫了一声："快看，冰是蓝的。"

我们抬头望去，果然，大块大块的浮冰都是湛蓝湛蓝的，在雪和云的衬托下，晶莹剔透，漂亮极了。

专家告诉我们，冰本身是无色的，蓝色是光的作用。南极的冰一层压一层，上面还有厚厚的雪。这样

蓝冰

一来，密度越来越大。自然光照射时，光中的红光波长长、频率低、能量少，被冰吸收了；蓝光波长短，频率高，能量多，被反弹回来。因此，我们看到的冰就是蓝色的。

有同伴从海水里捞起一小块冰，放在嘴里尝了尝，又惊奇地说："嗯，怎么不咸啊？这不是海水结成的冰吗？"

这回轮到我解释了。《两极区域志》专门讲到了这个问题。我告诉他们，水里有盐是不结冰的。海水结冰时，必须先把其中的盐分排除掉。所以，这里的冰融化后，都是纯净的淡水，而不是海水。

虽然南极大陆被海水包围着，这里却世界上最大的淡水仓库。南极洲一共有2400万立方公里的冰，是世界上冰的总量的89%，全世界70%的淡水集中在南极。

1977年10月，18个国家的200多位科学家汇集在美国衣阿华大学，参加第一届国际冰山利用会议。在

蓝冰

会议休息的时候，大会的主持人、沙特阿拉伯的费萨尔亲王宣布，他举办了一个鸡尾酒会，希望大家参加。他把与会者带到了会议厅外的露天场地。这时，直升飞机从天而降，，有人从里面卸下一块足有两吨重的大冰块。原来，这位亲王，在大会开始之前就派人从南极冰山上运来一块纯净的冰块，他把冰块的融水掺入鸡尾酒中，让科学家们亲口体验极地冰水的纯净和甘甜，希望科学家们拿出利用冰山的好办法。

利用南极冰川的最大问题就是运输。会后，费萨尔亲王主持建立了一个国际冰山运输股份有限公司（Iceberg Transport International Limited），由法国提供技术援助。近年来，他们研究了多种冰山运输方案。

库佛维尔岛

有人主张用拖轮拉着冰山走，然后在有洋流的地方，让冰山自行漂流；也有人试着把巨大的帆固定在冰山上，让冰山像一艘超级帆船一样随风行进。

有位名叫卡罗的美国发明家设想在冰山上安几台氟利昂发动机，利用冰山与海水的温差作动力，产生压力，驱动发动机。氟利昂可以通过导管送入冰山内部冷却还原为液体，重复使用，使发动机不断工作。在发动机的末端，安装大型螺旋桨，冰山就可以像船一样，根据人的意志，航行到任何港口。

科学家计算，假如建造一条超级拖船的费用为六千万美元，再把投资、海员工资、行政管理费、维修费和燃料费都计算在内，南极淡水的成本低廉得惊人。运到澳大利亚的费用是每立方米0.12美分，而淡化海水的费用每立方米19美分，最便宜的灌溉用的地表水

金图企鹅

每立方米是 0.8 美分。所以，即使把三千万立方米的小冰山拖到澳大利亚，也是值得的。如果把数量最多的体积一亿立方米的南极冰山运到澳大利亚，就可以满足一百万澳大利亚人年需水量的 50%。

登上库佛维尔岛后，见到了大片大片的企鹅。仔细一看，它们和半月岛上的企鹅不一样，是金图企鹅（Geetoo Peaguin），又叫巴布亚企鹅。它们的头和颈是

金图企鹅

黑的，眼眶是白的。额头上面有一道白色纹路连接两个眼眶的上部，像西方的护士帽。嘴是黑的，嘴角是红的，张开嘴时，可见里面都是红的。小金图企鹅和大金图企鹅不同，面颊下部、下巴和颈前是白的。

金图企鹅和帽带企鹅习惯不同，不止站在高处，而是平地，水边，到处都是。雌性金图企鹅冬季生蛋，每次两枚。蛋由雄企鹅先孵，之后每隔一到三天轮换一次，七八个月才能孵成。小企鹅发育也很慢，三个月后才能下水。这时，正是金图企鹅孵蛋的时候。只见不少雌企鹅一动不动地趴着孵蛋。雄企鹅则四处觅食，或寻找鹅卵石搭窝。

就在这个当口，一两只贼鸥飞来，频繁骚扰企鹅们。只见成年企鹅都仰起头来，严阵以待。贼鸥一俯冲，它们就群起而驱之，贼鸥始终没有得手。

返回邮轮的途中，发现这里的景色十分迷人。那天云很多，时时有一束，或几束阳光从云层中射出，照耀在雪山上，蓝冰上，海水上，让人觉得如梦似幻。说它像童话，不为过；说它像仙境，也不为过。那份独有的美，迷人、醉人、惊人。

邮轮工作人员又给了我们一个惊喜——午餐安排在甲板上，吃自助餐。我们卸下装备便刻不容缓地冲上甲板，选好美味就坐下来大吃，同时大看。邮轮行进着，前后左右都是绝美的景色，而且时时变幻。要论美味、美景同时兼得，估计不会有第二次了。

下午，我们登上了南极半岛。

在这之前，我们登上的都是南极大陆边缘的小岛。登上南极半岛就是登上了严格意义上的南极中心大陆。

导游说，以前美国称这个半岛为"帕尔墨半岛"，英国称这个半岛为"格雷厄姆地"。这牵扯到谁是发现南极大陆第一人的争执。

美国认为，在别林斯高晋之前，21 岁的美国康涅狄格州"英雄号"捕鲸船船长纳撒尼尔·帕尔墨（Nathaniel Palmer）看到了南极半岛。

英国认为，英国海军军官爱德华·布兰斯菲尔德（Edward Bransfield）早于帕尔墨十个月就看到了南极半岛。"格雷厄姆地"是以当时的英国海军大臣格雷厄

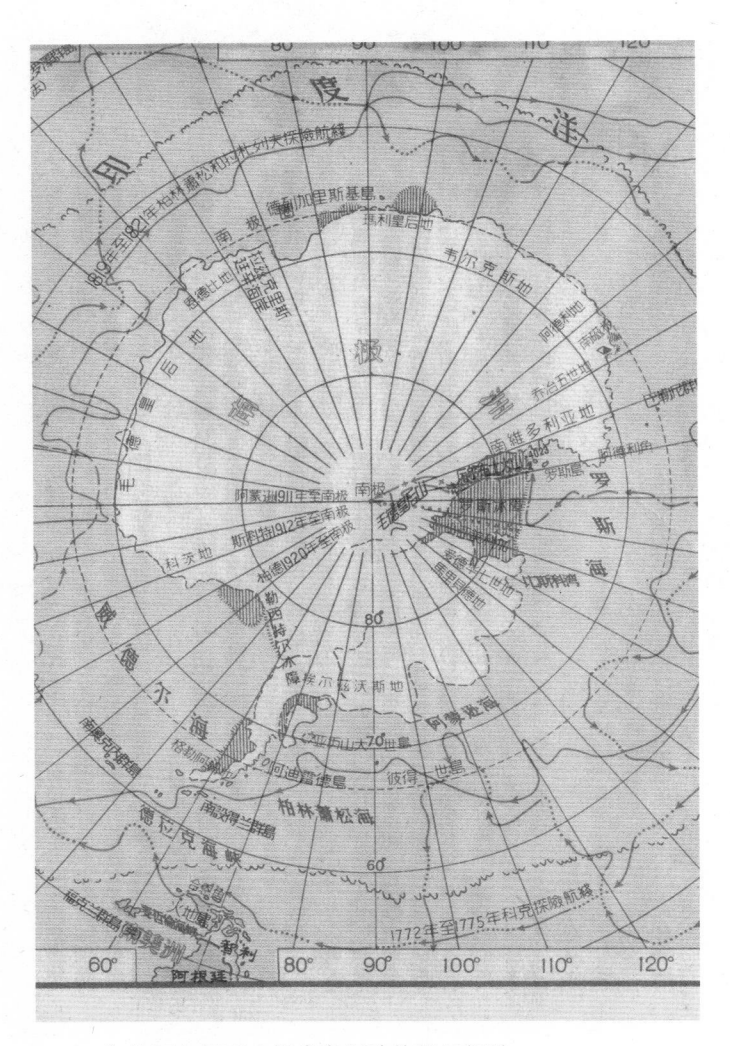

1957 年地图上标明南极半岛旧称格雷厄姆地

仙境

姆的名字命名的。

我找出 1957 年出版的《世界分国地图》册，找到南极半岛，上面标明的是"格雷厄姆地。"

直到 1964 年，这块狭长的陆地才被称为"南极半岛"（Antarctic Peninsula）。

四处的浮冰依然是蓝色。

天转阴了，云层很厚。南极半岛的冰雪也很厚。临近海面没有冰雪的平地上，栖息着一些金图企鹅。往上看，全是高山，那里是冰雪的世界。我们穿过企鹅，向雪山攀登。山很陡，雪很厚，爬得很吃力，不一会儿就出汗了。坐下来休息时，发现身旁的雪里透出了绿色。心里想着，会不会又和阳光有关。但一段时间后，又发现了粉红色。撩开幕纱之后，是鲜红，

金图企鹅

那是"雪藻"——生长在雪中的藻类，和地衣、苔藓一样的低等植物。

攀登到一个小山顶，有块没有冰雪的岩石，大家坐下来休息。

喘息稳定后，我郑重地取出《两极区域志》，选了一处最典型的冰雪环境，坐下来，打开书，做研读状，请姜宏涛拍了下来。又换了一处，拿出太空笔，做记录状，同样留了影。打算回去之后，把照片送给艾杰。

返回时，导游选择了一处安全的五百米左右的陡坡，说可以仰面躺着滑下去。不敢滑的客人选择了原路返回，我毫不犹豫地选择了滑行。在饱受攀登之苦以后，在南极美妙的冰雪世界中，零距离地伴着冰雪极速而下，畅快之极，其他滑下的朋友也大呼痛快。

几天来，克里斯·金医生每天跟我们一起寻幽探奇，对每位客人的身体情况都十分注意，唯独对皮外碰擦之类的问题毫不在意，甚至不予处理，总是大大咧咧地对伤者说："没问题，很快就好。"

当时，我们都很不解，事后才明白其中的原由。原来，南极没有细菌，外伤不会感染，简单处理一下之后，尽管由它去，很快就会没事。

几天来每个人经历的环境温差极大，外面零下十几度，船上零上十几度，每天进进出出，也没有人感冒。医生说，这也是同样的道理——南极没有感冒病毒。

我的好朋友、环球旅行家、探险家、美籍华人马中欣先生早在 1997 年就到过南极。他给我讲述过一段有趣的经历。

因为苏联解体，1991 年，苏联南极科考站"进步一站"的科学家们没等吃完一顿饭就匆匆离去。六年后，马中欣去察看"进步一站"的遗址。走进餐厅，见桌上的面包还在，半个苹果还在，却依然没有坏。

另一个更绝的例子是，斯科特在南极建立的营地。80 年后，有人前去探访，见当时丢下的饼干还没有发霉，仍然可以吃。

晚饭后，我一人去咖啡厅闲坐，掏出随身的军用指南针摆弄，发现很不对劲，指向南方的指针总是往

指南针南端向下沉

下沉，因而指针转动不灵。这个指南针跟随我多年，从没出现过这种情况。换了几个地方坐，换了几个角度都是一样。试着改变以往平端的习惯，向南方倾斜，倾斜到一定程度居然正常了。再换几个地方，也是一样。我去请教黄小龙先生，他也没有遇到过这种情况。

　　一个人去甲板透气。又下雪了，又是一朵一朵的，比第一次见到的还大，和大豆差不多。

南极大陆有些地区本来在赤道上

南极洲也有博物馆

人类是南极洲的朋友，也是南极洲的敌人。

第七章（2月4日）：
世界上最南的博物馆

2月4日上午，没有上岸的安排。在咖啡厅碰到了黄小龙先生。他说："指南针问题应该是磁力线的原因。"他取出他的地质罗盘试了一下，也是同样的情况。他说："地球就是一个最大的吸铁石，它两头的磁极，磁场的北磁极点和南磁极点在北极和南极地区。磁力线从南磁极点发出，大致顺地平线发到北磁极点，最后在北磁极点收拢。在发出和收拢时，磁力线大致和地轴平行。由于我们已接近南磁极点，磁力线已慢慢与地轴平行，不是平常的与地平线平行，因而出现了我们碰到的这种情况。"

后来从专家嘴里得知，磁力线还和极光有关系。

南极博物馆

　　18 世纪，英国天文学家哈雷（Halley）认为，极光的产生和磁暴有关系。我们现在知道，极光是产生于一百公里到一千公里之间高空的电离气体里的放电。

　　两极地区磁场强大，来自太阳的带电粒子流被吸引过来。带电粒子以极高的速度进入大气层上部的电离层，撞击不带电的气体分子，使它们分裂成带电离子，这一过程释放出的巨大能量以光的形式出现，这就是极光。极光是人们看得见的唯一的超高层大气物理现象。

　　地球周围的大气中含有氧、氮、氖、氦、氙和氩等不同的气体分子。带电粒子流和不同气体分子冲撞就会发出不同颜色的光，被冲击时氖气发红光，氙气发蓝光，氦气发黄光，氧气发绿光……所以，极光五彩缤纷，变化万端。

　　极光有弱有强。弱极光是白色或浅蓝绿色。强极光由红、橙、黄、绿、青、蓝、紫七色光带组成。

科学家按形状特点把极光分为五大类：

1. 底部整齐，微微弯曲，呈圆弧状的极光弧。

2. 有弯褶皱，如飘带的激光带。

3. 如云朵的极光片。

4. 如面纱、帷幕的极光幔。

5. 沿磁力线方向，呈射线状的极光芒。

1772 年到 1775 年，英国探险家詹姆斯·库克寻找南极大陆的过程中，看到了南极光。从那以后，人们开始观察和研究南极光。

遗憾的是，我们没有见到南极光，只能借助别人的照片和记述满足渴望的心情。

1831 年 3 月，英国"杜勒号"双桅捕鲸船船长斯科见到了南极光。他记录道："当时，几乎整夜都是一幅南极光的美妙景象，时而像高耸在头顶的美丽的圆柱，突然变成一幅拉开的帷幕，后又迅速卷成螺旋的条带。这条带仿佛就在我们头上，总共不过几码高。当然，这一切都发生在近地面的大气层里，在我见到的种种景象中，再没有比这更壮观的了。"

附：

　　岩石是弱磁体。从磁体方向上调查研究古代大陆的分布和构造运动造成的大陆变形的科学叫古地磁学。地球是个巨大的磁体，砂铁也是磁体。岩浆等火成岩里也含有砂铁成分磁铁矿粒子等。在其冷却过程中成了指向南北的磁体。如果测得岩石的磁倾角可推断出在地球上的哪个纬度上形成岩石。

东南极大陆最后大规模的变质作用约在5亿年前（古生代初期奥陶纪到寒武纪）。至今已测量了5亿年前后的岩石磁性的有昭和基地、索尔隆戴恩山区、和平站、麦克默多海湾地区的岩石。从岩石求出的磁极都指向非洲大陆。麦克默多地区同时代的岩石磁性几乎是水平的。由此推断出当时的南极位于热带区，而麦克默多站附近刚好在赤道上。

2月4日下午，我们抵达了彼得曼群岛的维因克岛（Wiencke Island），从洛克瑞港（Port Lockroy）登岸，参观南极博物馆。

1941年，英国在这里建造了南极工作站，名为"A基地"。1962年，这个工作站被弃用。1996年，南极洲遗产基金会把它改成了博物馆。

一上岸，就看见了迎风飘扬的英国国旗。旗下挺立着几只金图企鹅。博物馆外观的几种颜色和英国国旗的颜色非常接近，估计是特意这么设计的。屋顶上栖息着几只雪海燕。

馆藏文物是当年英国科学家使用过的电台、爬犁、铭牌、车轮、指南针、手电筒、匕首、饭盒……还有一件特殊的文物，那就是卫生间里的一张半裸体美女画像。

南极博物馆藏品

这里开着一个礼品店。

当时正风传世界末日要到了。礼品店里也出售与这个传说有关的明信片。这里设了一个小邮局。我买了英国为南极特制的邮票，把两个明信片分别寄给好朋友艾杰和黎德利。这里的工作人员说，根据以往的经验，从这里发出的邮件大概需要三个月到半年才能达到中国，而且丢失率是40%。

这里提供专门的印章。我赶紧取出《两极区域志》、《世界分国地图》和明信片，一一盖上。

晚饭后，我和姜宏涛找帕梅拉·罗瑞聊天，我说："来南极的科学家和游客人数有限，但人们的活动肯定对南极有影响。"

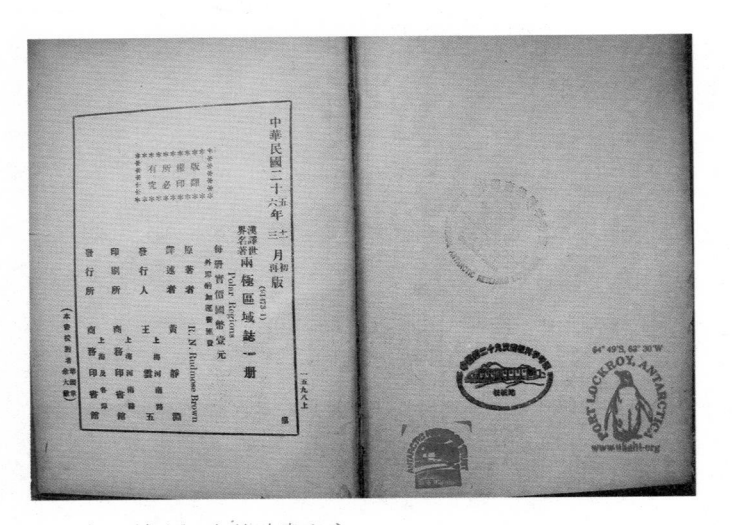

《两极区域志》上的珍贵印章

　　她说："是的。科学考察站都集中在南极大陆沿岸和周围的岛上。那些地方气候条件比较好，正好也是很多南极生物生长或栖息之地。比如：人类活动会踩到地衣和苔藓，再比如：人类活动会惊吓到海豹、企鹅。南设得兰群岛的阿德雷岛，人们称它为'企鹅岛'，本来漫山遍野都栖息着企鹅，周围沙滩上也有成群的海豹，人们叫它'海豹滩'。但是，因为人去得多，车辆、轮船、飞机噪声大，现在岛上的企鹅和海豹少了很多。还有马阔里岛，那里的王企鹅群约有25000只企鹅。但是，澳大利亚常派飞机在这个岛的上空给越冬的科考队员投放食品和物资。所以常有大力神飞机在这个岛的上空盘旋，低空飞行。1990年6月，

南极博物馆藏品

野生动物学家在岛上发现了大片王企鹅的尸体，其中还有幼雏，大约七千只。初步调查认为，可能是因为惊吓而乱窜，乱撞导致的。"

我说："我来之前，在一份资料上看到，中国长城站附近有很多帽带企鹅，但这次去长城站，一只企鹅也没看见。"

她说："除此外还有污染，还不轻。最近十多年发现，企鹅、海豹、磷虾和鱼的身体里有多种污染物，有农药，比如'六六六'和'滴滴涕'；有重金属，比如汞、铅、铜、锌、镉；有烃类化合物、比如氯烃、烷烃，海水中也有这些污染物。地衣中也有'六六六'和'滴滴涕'。有些生物中还有放射性物质，比如钋。

科学家分析有的污染物是风从其他大陆吹来的，有的污染物是海流从其他海域带来的，有的污染物是生物之间转移的，比如食物链。还有些污染物肯定是人类活动的结果，比如石油，主要是来往船只和考察站造成的。"

附：

1989年1月26日，阿根廷客货轮"天堂湾号"，在南极半岛附近海域失事，漏到海里的柴油、汽油达一千多吨。

1989年2月26日，秘鲁1980吨的海洋科考船"洪堡号"，在乔治王岛附近的麦克斯韦尔湾搁浅，漏出很多柴油，扩散范围一千多米，宽五十多米。

附：

绿色和平组织根据掌握的资料，提出了"救救南极洲"的口号。并且发出呼吁：严格控制赴南极的旅游人数；各国考察站的一切废物必须经过严格处理，或带出南极洲；绝不允许任何污染南极的现象继续发生。

第八章（2月5日）：
南极动物的天堂

2月5日早上，我们乘坐橡皮艇环游 Pleneauh 岛，这里又叫"天堂湾"。

一路上，海上浮冰千奇百怪，令我们目不暇接。

在水里，活动着大量的企鹅和海豹。前面几天看见的企鹅都在岸上，现在看见的企鹅在水里。它们成群结队，时而潜入水底，时而跃出水面，比在岸上轻盈得多，欢快得多。据说，它们在水中行进的速度可达每小时 20 公里以上。在水里，它们大量捕食磷虾等浮游生物，它们胃里的食物占了体重的四分之一以上。

海豹似乎更喜欢独处，一个一个悠闲自在地趴在

蓝鲸尾

冰块上，任凭我们的橡皮艇来来往往，它们丝毫不予理睬。

尤其激动人心的是，第一次见到了鲸。

第一次是在导游的提醒下看见的。只听见她叫了一声："快看!"

我们顺着她指的方向看去，只见海面上喷射着水柱。顺着水柱往下看，看见了鲸的背。不一会儿，它的身子一跃，头扎进水里，尾巴在水面上晃动一下，随即消失。

那之后，我们便自己四处搜寻，一见水柱，就知道是鲸。

导游说，南极大陆夏季的时候，在温带繁殖后代的鲸就会迁往南极，开始索饵回游。

鲸是哺乳动物。因为长期在海洋里，外形就演变成了鱼的样子。它的生理结构和其他哺乳动物一样，用肺呼吸，胎生后代。它的鼻子已逐步转移到了头顶，只要头顶露出水面就可以呼吸。它一般每隔十多分钟呼吸一次，一次呼吸 30 分钟左右。

比较大型的鲸有蓝鲸、鳍鲸、露脊鲸、座头鲸。我们见到的鲸是鳍鲸（Balaenoptera Physalus）。鳍鲸长 25 米左右，重 50 吨左右，背是黑的，腹部是白的，身体侧面是淡灰色的。鳍鲸一般可以活 40 到 50 年，有的活到 100 年左右，是南极海域的老寿星。

当南极海域寒季来临的时候，浮游生物大量死亡，鲸的饵料减少。它们便成群结队向北迁徙，到温暖食多的海域去避寒、生育。

附：

南极海域的鲸分为两类：一类属于齿鲸亚目，几乎都有巨大的圆锥形牙齿，猎取头足类软体动物和鱼类，比如抹香鲸、逆戟鲸。另一类属于须鲸亚目，没有牙齿，代之以上颚称为鲸须的许多角质板，食用小鱼小虾，直接吞入胃中，即所谓的"鲸吞"，如蓝鲸、鳍鲸、露脊鲸、座头鲸。

抹香鲸又叫真甲鲸，三角形的头又大又胖，占身体的三分之一。体长 10 到 20 米，体重 15 到 20 吨，是齿鲸中最大的一种。主要食物是头足软体动物，如乌贼、大鱿鱼和少量的鱼。头内有特殊液体脂肪——鲸腊油，是制造化妆品的珍贵原料。肝里的维生素甲和维生素丁的含量极高。胃里消化不良的积存物是用途广泛而且名贵的龙涎香，被称为"漂浮的黄金"。

逆戟鲸又名"虎鲸"、"恶鲸"，体长 8 米左右，体重 15 吨左右，背上有弯月形的脊鳍，长一到两米，像一把尖刀，是企鹅和海豹的大敌。当发现冰层上的企鹅和海豹时，它就悄悄靠近，把冰层顶翻，让猎物落水，随即捕食。有时还袭击、吞食须鲸或抹香鲸，是齿鲸中最凶猛、残暴的食肉动物，连捕鲸人都望而生畏，被称为"海上霸王"。

蓝鲸又叫长箦鲸，本为黑色，因为皮肤上覆盖着黄褐色硅藻膜，所以看起来是蓝灰色。它体态丰腴，脂肪厚实，是世界上最大的动物，一只舌头就有三到四吨，可以装满一辆解放牌大卡车，胃里能装下 1500 公斤左右的鱼虾。

鳍鲸又名长须鲸、剃刀鲸。庞大的身躯仅次于蓝鲸，举止、习性都和蓝鲸相近。

露脊鲸又叫南方露脊鲸，属于亚南极鲸种，体长 18 米左右，体重 20 吨左右，背部是黑色，腹部是灰白色。

座头鲸体长、体重和露脊鲸相仿。古希腊神话中说它们会唱歌。近年来，科学家证实它们在迁徙和繁殖季节的确唱歌，不同场合曲调不同，大约每年换一次新曲。它们的歌声音域宽广，音调强烈，用轰隆隆的雷鸣般的低音节和呼啸尖锐的高音节的乐句反复交响构成乐章，非常美妙。

附：

　　国际上的捕鲸业由来已久。17世纪前，集中在冰岛、格陵兰岛和纽芬兰一带的海洋。北半球的鲸类因捕杀而几乎灭绝时，捕鲸者又到南极海域大肆捕杀。他们当中的急先锋当属挪威人卡尔·拉森（C. A. Larson）。他在南乔治亚岛建立了第一个捕鲸站。由于各国在南极海域竞相捕杀，从多年来的捕鲸量和未成熟鲸被捕杀比例增加来推测，南极海域的鲸类在大量减少。因此，从20世纪60年代开始，"国际捕鲸委员会"特别关注捕鲸量。按鲸种限定捕杀定额的规定正引起各国的重视。

附：

　　2014年4月3日，法新社发布了一条新闻：在联合国国际法院命令日本停止有争议的捕鲸活动几天后，一名官员今天说，日本决定取消下一次在南极地区的捕鲸作业，这是25年来的首次。

　　渔业部门的一名官员对法新社记者说：鉴于最新的裁决，我们决定取消自4月开始的财年（在南极的）科研捕鲸活动。

但他还说，我们计划在其他地区按计划开展科研捕鲸活动，其中包括北太平洋地区。

周一，位于海牙的国际法院做出重要裁定，认为南极捕鲸项目是伪装为科学研究的商业活动。

在新西兰的支持下，澳大利亚 2010 年把日本送上国际法院，试图阻止日本的捕鲸活动。

东京利用 1986 年商业捕鲸禁令中的一个法律漏洞，继续以搜集科学数据的名义捕杀鲸鱼。

然而，日本从未隐瞒这些鲸鱼肉最终被摆上餐桌的事实。

下一次南极捕鲸活动原计划于 2014 年年底开始。上一次捕鲸作业于上月结束。

附：

2014 年 4 月 26 日，共同社发布了如下消息：4 艘日本科研捕鲸船 26 日从宫城县石卷市的鲇川港出发，将在该县三陆地区附近海域捕猎小须鲸。这是日本在西北太平洋实施的科研捕鲸活动之一，也是海牙国际法院 3 月判决禁止日本在南极海域进行科研捕鲸后捕鲸船队的首次出港。船队的警卫工作较往年严格，但并未受到反捕鲸团体的干扰。

日本政府在国际法院做出判决后，决定 2014 年度不在南极海域进行科研捕鲸。由于要求继续捕鲸的呼声强烈，日本政府决定在以鲶川港、钏路港（北海道钏路市）等为基地的西北太平洋继续捕鲸，但把捕猎数量从以往的380头减少四成多，至210头。

考虑到福岛核事故影响，此次还将对捕获的鲸进行放射性物质检查，如无问题，鲸肉将作为食品出售……

日本科研捕鲸船26日开始在宫城县三陆地区附近海域进行捕猎，当天捕获了一头小须鲸。经检查，这头鲸长4.92米，重1.2吨，为雌性。

我们返回途中，下起了雨。我吃了一惊。因为《两极区域志》里说，南极是没有雨的。我问黄良民先生和黄小龙先生为什么会这样。

他们说："大概是气候变化了。"

回想起前几天的雪，大概也是同样的原因。在以前的资料上看到，夏季在乔治王岛西海岸可以看到"漂浮在海面的蓝白色小冰山。"而且"据专家说，随着温度的升高，冰山的体积已明显减小。"

而我们到的时候，已完全看不见冰山了。

2006年，中山站的科学考察队员郝战军在中山站附近的湖边见到一座冰山，山体中有一个大冰洞，冰洞内倒立着许多冰柱，如同钟乳石，很壮观。郝战军拍了一张照片。而2009年，中国第26次南极科学考

阿德利企鹅

察队队员熊尚凌想看这个冰洞却找不到了。他遗憾地得出一个结论："气候变暖，冰山渐渐融化。这个大冰洞随着那座冰山一起融化了。"

附：

科学家综合十个不同卫星的数据得出结论，1992年以来，南极洲和格陵兰岛冰盖融化导致海平面上升了11毫米，相当于海平面上升总高度的五分之一，这是迄今为止对气候变化影响最明显的测量数据。

首席研究人员、英国利兹大学的安德鲁·谢泼德说："极地冰盖中冰质量的变化很重要，因为这是衡量全球气候变化的一种方式，而且直接影响全球海平面。重要的是，我们可以根据准确性得到提高的数据来判断，南极洲和格陵兰的冰盖都在融化。"

美国航天局喷气推进实验室的埃里克·艾文斯还介绍说，根据他们的分析，格陵兰冰盖融化的速度比以前更快。他说："如果我们把20世纪90年代的数据和过去10年的数据进行比较，就会发现格陵兰目前冰盖融化的速度似乎是20世纪90年代初的大约5倍。"

此外，新的分析显示，南极洲的冰盖总体上萎缩，但比一些报告所称的更慢。

附:

　　2014年3月，联合国政府间气候变化专门委员会（IPCC）发布报告说，气候变化对世界各大洲和大洋产生了广泛影响，如果温室气体排放得不到控制，这个问题可能急剧恶化。

　　报告称，冰盖在融化、北极海冰在崩塌，水资源供应紧张，热浪和暴雨在增强，珊瑚礁在死亡，鱼类和其他很多生物向南北两极迁移，有的甚至走向灭绝。

　　报告指出，海平面升高的速度危及沿海居民，由于吸纳了汽车和发电厂排放的一些二氧化碳，海水酸度升高，这导致某些生物死亡或生长受到妨碍。

　　科学家说，早在人类文明开始前就存在的北极土壤中的冰冻有机物质现在开始融化，然后腐烂变成温室气体，这将导致全球进一步变暖。

　　科学家们在报告中说，最糟糕的情况尚未出现。报告特别强调，世界粮食供应面临巨大风险——可能对最穷国家产生严重影响。

　　科学家们强调，气候变化不只是遥远未来的问题，而是现在就有影响。比如，在美国西部很多地区，山上的积雪在减少，威胁着当地的水资源供应。

阿德利企鹅

下午，我们登上了 Torgersen 岛。

登岸走了几步，就看见了发草。发草是开花植物，是南极稀有的植物。它们只生长在南极半岛和南极大陆周围的海洋性岛屿上。它的形态近似于禾本植物，叶子狭长，脉络平行，有节、节间和分蘖，花是小穗状的。

走到高处，进入了企鹅的领地。

这里的企鹅叫阿德利企鹅。阿德利企鹅主要栖息在阿德利地，也因此而得名。专家估计，南极的阿德利企鹅共有五百万只，它们是企鹅家族的小个子，身高约 55 厘米。它们的头部，除眼眶是白的，脑盖是蓝绿的以外，其他地方都是黑的。头顶是平的，像男士

水中企鹅

的平头，嘴角长着细长的毛，腹部是白的，腿很短，爪子是黑的。

见到阿德利企鹅后，我首先想到了一个人——法国海军军官杜尔维（Jules Dumont d'Urville）。他把希腊的"米洛的维纳斯"像搬到了法国。1837年，他向法国国王提出一项太平洋探险计划。国王接受了这个计划，命令他勘探南极水域，而且说定了给船员的奖金：航行到南纬70°，奖励100法郎，之后，每增加1°，多奖20法郎。经过充分准备后，杜尔维率领"星岛号"和"信徒号"向南行进，1840年的一天，他们到达南极半岛北海岸，见到了一处裸露的岩石，这里是南纬63°23′。杜尔维在日记中写道："见到这些岩

雪海燕

石，船上的人没有一个敢吭声。我当着水手们的面，向集合的高级船员宣布，这片土地从今以后就叫'阿德利地'。"

"阿德利"是杜尔维妻子的名字。这虽然是假公济私，却不失法国人的浪漫。

他的手下随即把法国国旗插上了"阿德利"地。

一些高级船员分头测量。测量的结果是，他们最先接近南磁极。

每年十月上、中旬，阿德利企鹅就从海冰前缘长途跋涉到滨海岛屿。在这里恋爱、结婚，用小石子建成一个个巢穴。

阿德利企鹅求爱方式非常有趣，雄企鹅用鹅卵石作为见面礼。可是在这冰天雪地的南极，鹅卵石十分稀罕。这些雄企鹅有时会做出不光彩的事，它们来到邻居那里，趁对方稍不注意，便迅速偷一块石子，若无其事地走开。雄企鹅把石子攒够后，便开始向雌企鹅求爱，它们虔诚地把鹅卵石放到雌企鹅脚下，然后退到一边等待对方表态。一旦对方认可，便共同用石子在背风向阳的地方修筑爱巢，共同生活，生儿育女。

一个月后，雌企鹅会产下两枚蛋。雄企鹅守卫着蛋，防止贼鸥袭击。雌企鹅去海中觅食，补充营养。12 月中旬，雌企鹅回巢孵化，雄企鹅仍在一旁守卫。

一对企鹅养育一对子女，体重通常会减轻 20% ~ 30%。

出壳约 20 至 30 天，雏企鹅就可以独立行走游玩了。一个月左右的小企鹅浑身毛绒绒的，十分可爱。不知是为了训练小企鹅的 "集体主义"，还是为了让劳累的双亲稍事休息，一个月左右，小企鹅便被送到 "幼儿园"，由几只 "企鹅阿姨" 带着，过集体生活。

这时，他们的父母则去海里觅食。成年企鹅从海里回来之后，会从一群小企鹅中唤出自己的孩子，把没有消化的磷虾吐出来，喂到小企鹅嘴里。

到了夏天，小企鹅长大，开始独立生活。父母便不再操心了。

当我们准备离开时，讨厌的贼鸥又出现了。贼鸥在企鹅周围忙乎了半天，最后，仍然无功而返。面对

金图企鹅

自己的天敌,阿德利企鹅最憎恶临阵脱逃者。脱逃者会受到围攻。大企鹅对小企鹅也会偏爱。它们偏爱强壮的,厌弃弱小的。所以,弱小的往往被贼鸥捕获。通常,一次孵化的小企鹅只能成活一只。

返回途中,我们路过了美国帕尔默科学考察站(Palmer)。美国是开展南极探险最早的国家之一。从1928年到1958年,美国在南北极建立了十多个科学考察站。其中的麦克默多站(McMardo)被称为"南极第一城"。

附：麦克默多站

此站位于麦克默多湾罗斯岛南部。它以1841年罗斯率领的埃里伯斯号上的阿奇博尔德·麦克默多海军上尉的姓氏命名。它是美国最大的南极科考站和美国南极研究规划管理中心，也是美国其他南极科考站的综合后勤支援基地，由美国国家科学基金会南极规划部门运作。站内有各类建筑二百多栋，包括洲际机场、大型海水淡化工厂、大型修理厂、医院、电影院、商场、俱乐部、酒吧。每年冬季，近二百名科学家和工作人员在这里工作。夏季，这里的固定人员多达二千多名。同时，一架架大型客机从美国、澳大利亚和新西兰等地把上千名游客运往这里观光。

据《澳大利亚人报》报道，尼古拉斯·约翰进曾在麦克默多科考站工作10年，他在回忆录中披露，南极科考站的人只靠两个理由生活下去——金钱和性。麦克默多站就像"酒池肉林"，不仅酗酒、吸毒是公开行为，为排遣寂寞无聊的生活，男女性爱也成了重要的"娱乐项目"，那里"充斥着无休止的性"。

每年3月到8月是南极最寒冷、最黑暗的时期，也是科考站生活"最黑暗的时候"。在与外界相对隔绝的环境中，有些人濒临精神崩溃，每年科考站都有十多人患上精神疾病，一些人甚至有暴力倾向。大部分人不得不靠酒精和大麻来麻痹自己。为了不让自己寂寞难耐，性爱成了枯燥生活中的重要消遣。

尼古拉斯在书中称，麦克默多站的性别比例较不平衡，男女比率为2：1，长期待在科考站里，有些人难免性饥渴，不少人热衷在图书馆或温室里做爱。在最寒冷的日子里，科考站里不到200人，他们一年能消耗1.65万个保险套，平均每人至少用掉120个保险套。

他还透露，麦克默多站的很多人都是已婚人士，但这并没有妨碍他们寻找自己的冰雪伴侣，如"冰雪妻子"或"冰雪丈夫"。已婚者并不避讳交换性伴侣，但他们经常会做艾滋病测试，以确保安全。

附：

2004年10月25日，作为中国第21次南极科考队的随队医生，武汉大学人民医院副主任医师童鹤翔登上了"雪龙号"，开始了520天的"冰雪之旅"。

他说，在南极大陆，从5月到7月都是极夜，而11月底到次年1月底则是极昼，漫无边际的黑夜和白昼，几乎没有娱乐设施，加上情感缺乏，导致"南极人"的情绪容易波动，产生忧郁，甚至狂躁。他说，在那种特殊的环境里，调节生理和心理的异常，别无他法，毅力是最好的"药方"。

晚上，随船科学家帕梅拉·罗瑞给我们举办讲座。

她说：南极大陆是一块处于原始状态的土地。它记录了地球的演化，气候的变迁等一些极其重要的信息。如果南极的自然环境被破坏，人类就永远失去了一个科学研究的圣地，由此引起的后果不堪设想。我举个例子，现在，人们都在谈论环境变化，环境受到的污染，我们呼吸的空气、喝的水、吃的饭是否被污染。各个国家也都在加强环境监测，提出了评价环境的要求，制定了保护环境的措施。但是要评价环境，确定环境如何，确定是否被污染，首先要知道环境在没有污染以前是什么状态。用科学的语言来说，就是"环境背景值"，或叫"环境本底值"。有了本底值，才能对各个地区的环境进行准确的比较和评价。南极地区的环境就如同一张白纸，是寻找本底值最理想的场所。南极大陆低温、干燥、生态环境十分脆弱。你扔下一张纸片，多年都不会腐烂、分解。南极一旦被污染就很难治理。所以，我们要像保护自己一样保护南极。

附：

近年来，中国气象学家和大气物理学家采集了南极洲上空的大气样品，进行了分析，发现南极洲大气中含有的杂质，如硅、硫、氯、钾、钙、铁、铜、锌的浓度只是北京天安门广场的万分之一到百分之一，是喜马拉雅山脉东端的南迦巴瓦峰的千分之一到十分之一。由此可见，南极大气中含有的杂质最少，可以作为大气中这些杂质的本底值。

中国气象学家的另外一个发现令人兴奋，那就是珠穆朗玛峰顶部冰雪的镁离子和硫酸根离子的浓度是南极半岛冰盖的十分之一左右，是中国长城站冬季雪水的二十分之一到二分之一。南极洲沿海地区冰雪中这些离子含量高，可能是冬季的大风挟带海水泡沫和风化岩石微粒的原因。

珠穆朗玛峰顶部冰雪有些化学成分，有可能成为世界淡水环境的本底值。

晚上，又下雪了。雪花有野菊花那么大。

金图企鹅

阿根廷"制造""南极公民"。

鲸是世界上最大的动物。

"告别南极酒会"。

"魔鬼西风带"比来时更"魔鬼"。

第九章（2月6日）：
真羡慕"南极公民"

2月6日上午，我们登上了 Almirante Brown 岛。

阿根廷政府在岛上建了一个站。站很小，不见人影。

导游告诉我们，这个站不从事科研，而是有政治目的，主要是占地。虽然南极大陆的领土要求被冻结了，阿根廷的地图上还是标明，南极大陆哪些地方归自己所有。另外，阿根廷政府会把临产的妇女送到南极大陆的某个地方，让其生下孩子，将婴儿认定为南极某地出生的第一位公民。

前往 Almirante Brown 岛

附：

　　阿根廷是在南极洲建站最多的国家之一，也是最早建立科学考察站的国家。早在 1904 苏格兰探险队首先在南奥克尼岛建立了气象观测站，不久此站转给阿根廷政府。1904 年 2 月 22 日阿根廷在此建立"奥卡达斯站"。1964 年 2 月 18 日，阿根廷颁布 1032 号法令，宣布 2 月 22 日为"阿根廷南极日"。

　　该站研究重点是气象、极光、地磁、冰川等学科。"奥卡达斯"由英语"奥克尼"的西班牙语拼写而来，因该岛是英国与阿根廷争议地区，阿根廷在此建站采用西班牙语的站名。

　　阿根廷的考察站大多建在南极半岛及内延的南极大陆上，它们主要是：

梅内齐内尔（Melchior）、圣·马丁（General San Martin）、埃斯佩兰萨（Esperanza）、尤巴尼（Jubany）、布朗（Almirante Brown）、马坦索（Teniente Matienza）。

附：

南极洲唯一不属于主权国家的常年科学考察站是国际绿色和平组织于 1984 年建立的"世界公园"站。该站位于罗斯海沿岸的阿德利地，常年驻有队员 4 人，站上建筑简易，靠风力发电。它的船只是"岗瓦纳号"（MV Gondwana），负责巡逻，主要任务是监视和监测各国南极站的环境保护。

下午登上了 Melchior 岛。

登岛前后，在海上又见到了几条鲸。其中有蓝鲸（Balaenoptera musculus），这是南极海域最大的鲸。蓝鲸是蓝灰色的，它的体长可达 33 米，重 120～150 吨。蓝鲸两三年繁殖一次，刚出生的幼鲸就会游泳，一夜可以长 60～100 公斤体重。半年就可以长到 12～13 米，体重达到 15～20 吨。

鲸呼吸时，水柱冲天而起，在高空开成水花，非常奇特，也非常漂亮，人们称之为"潮柱"、"喷泉"。有经验的人可以根据水柱水花判断鲸的种类和大小。

Melchior 岛是我们南极探奇的最后一站。离开时，心里非常失落。想到，今生再来的可能几乎为零。

天堂湾浮冰

Almirante Brown 岛上的阿根廷站

　　晚上七点，邮轮上的工作人员在咖啡厅为我们举行了"告别南极酒会"。在酒会上，我的心情非常复杂。

南极小岛

天堂湾浮冰

　　我抓紧一分一秒，努力回忆这几天的所见所闻，记住眼前的一情一景。

　　入夜后，我们在咖啡厅里感觉越来越摇晃、颠簸，估计进入了德雷克海峡。一问工作人员，果然如此。工作人员说，返回时，逆着洋流走，船体承受的风浪会比来时更大，一般来说，会多花一天时间；遇到特大风浪，还得停下来等待，等待多久，谁也无法确定。

　　坐了一会儿，头晕了。看来，"船尾防晕说"靠不住，因为咖啡厅就在船尾。我赶紧回房间。一进门就想吐，于是合衣上床侧卧。这办法真灵，只需一用，"症状"全消。

　　一夜无事。

不管风吹浪打，我自侧卧不动。

靠"洗澡水"维持了两夜一天。

第十章 (2月7日)：

"侧卧抗晕法" 百试不爽

2月7日上午，一起来，便觉得天旋地转，一阵恶心。不得不继续使用"侧卧抗晕法"。

在那时之后，不管风吹浪打，我自侧卧不动。这时的我，身体上处于冬眠状态，脑子里并没有空白。我有三件事可以做：记笔记，读唐诗，思考问题。

几天来，行色匆匆，记录的时间有限。正好趁此机会尽可能记得详细一点。前人的很多笔记成了我们的宝贵资料。我记下笔记或许也能对别人，对后人有点帮助。

随身带了一本袖珍版的《唐诗》，一直没有机会读，现在正好有空。身处异域，品读古人的诗句，别

天堂湾浮冰

是一番滋味。边读边想,李白"欲倾东海洗乾坤",如果他见了南极,这里是不是可以免了呢?高适宽慰董庭兰"莫愁前路无知己,天下谁人不识君",要是董庭兰是到南极,他又该怎么写呢?陈子昂在幽州台上"念天地之悠悠,独怆然而涕下"。假如他站在南极的冰川上,又该作何感想呢?想起莫言先生曾说过:"人生四然",来是偶然,去是必然,尽其当然,顺其自然。我想,这次南极之行,也算是一种"尽其当然"。

想到科学技术是双刃剑,它在南极起的作用已不言自明。单就南极而言,它到底是利多还是弊多,我无法判断。而且,从全球长远来看,发展科技的程度究竟如何把握?过度发展,过度依赖,会不会成了"吸毒",成了饮鸩止渴?

好友马中欣曾告诉我,1990 年前后,长城站接待

天堂湾浮冰

天堂湾浮冰

过一个澳大利亚家庭。最先是两夫妇自愿到南极生活，其间他们在南极养育了三名子女。这家人在南极生活了十年，我很欣赏这个家庭。如果让我在污染严重的

鲁冰花

现代生活和没有污染的原始生活中选择一个，我会选择后者。

　　我就这样慢慢地记，慢慢地读，慢慢地想，不分昼夜，不理肠胃，感觉相当奇特。

仙境

海豹

在这当中，只是偶然去卫生间，喝几口"洗澡水"。

附：

南极绝大多数科学考察站都遵守一个不成文的规矩：任何时候为任何登上南极洲的人开放，提供食宿；生活用房不可加锁，供任何人自由出入。

经过颠簸之后，平稳是一种享受。

还真有不晕船的。

"侧卧抗晕法"可以申请专利。

船长签名的探访南极证书。

第十一章（2月8日）：
珍贵的探访南极证书

2月8日早上，姜宏涛问我："感觉如何?"

我说："很好。"

他问："吃不吃饭?"

我说："不吃。"

中午，感到邮轮平稳了下来。一打听，已经进入了比格尔海峡。

我高兴地起了床，去卫生间梳洗了一番，径直前往咖啡厅，喝了两杯热水，吃了几块点心，一根香蕉，再去餐厅吃饭。

两天来，伙伴们终于相聚了。多数人面容憔悴，

火地岛国家公园

有气无力。他们都知道我这两夜一天一直卧床不起，都关切地问我："怎么样？"

我轻松地说："没事，挺好。"

再看他们的神情，似乎有些不解。此行自始至终，一点也不晕船的，只有梅龙一个人。我们对他的生理构造提出了质疑。

我请教了专家，也查了很多资料，都没有"侧卧抗晕"这一说。克里斯·金医生总是跟我们说，晕船时要平躺。看来，我的"侧卧抗晕法"可以申请专利了。

> 附：
>
> 　　为了使身体平衡，我们的感觉器官不断收集外界的信息，并送到内耳，犹如电脑一般。内耳会组织这些信息，进而送至大脑。当我们的平衡系统发

现内耳所接收到的信息与眼睛所接收到的信息有出入时，便会发生晕船。

附：预防晕船的办法

1. 锻炼身体，加强前庭器官耐受性。晕船多发生于前庭器官比较敏感的人，因此，平时应注意锻炼身体，多做转头、弯腰转身及下蹲动作，以增加前庭器官的耐受性。

2. 吃得过饱、疲劳、睡眠不足、空气污浊、情绪紧张及特殊气味都可能使晕船发生和症状加重，因此要避免这些不良因素。

3. 特殊的前庭训练。可通过康复训练预防晕船，如反复多次乘船训练，以提高前庭器官对不规则运动的适应能力。此外，害怕晕船的人可以经常参加一些活动，特别是有助于调节人体位置平衡的体育项目，如秋千、滑梯、单双杠、垫上滚翻等运动项目，能提高前庭器官的适应能力。

4. 乘船时应尽量限制头部运动，可将头靠在椅背上固定不动，以减少加速度的刺激，特别是旋转性刺激。

5. 避免不良的视觉刺激。坐船时看书更容易诱发晕船，因此闭目养神可减少晕船的发生。

下午，我一边欣赏比格尔海峡的美景，一边回忆前几天的点点滴滴。迷人的南极洲已恍如隔世。

天堂湾的"阳元石"

晚上，我们每个人都收到了船长签名的证书，证明我们探访过南极。我非常珍视这张证书，它不亚于我在国际上获得的奖证。

再回"人间"很不适应

你争我夺几时休

明信片近一年才到，丢失率一半。

我们的生存环境，唉！

第十二章：

余音

2月9日清晨，到达乌斯怀亚。

下午一点多乘 AR1853 航班离开乌斯怀亚，四点多到达布宜诺斯艾利斯。

2月11日下午，我们游览了布宜诺斯艾利斯的五月广场。总统府门前不远处，有一些帐篷和标语。导游告诉我们，这是参加过英阿马尔维纳斯群岛（英国称福克兰群岛）争夺战争的阿根廷老兵发起"保岛"运动时留下的。标语申明马岛是阿根廷不可分割的领土，支持政府为保卫马岛主权采取行动，呼吁政府开放从阿根廷港口前往马岛的航线，允许他们登岛宣示

参加过阿英马尔维纳斯（福克兰）群岛争夺战的阿根廷老兵发起『保岛运动』时留下的帐篷和标语

主权，谴责西方发达国家在全球为所欲为，掠夺资源。

　　刚离开南极地区的那种和谐环境，见到这种纷争的情景很不适应，心情沉重起来。

　　附：

　　　　马尔维纳斯群岛（福克兰群岛），位于阿根廷以东的南大西洋水域，共有两百多个小岛。

　　　　早年，法国海员航行到拉普拉塔河时，登上了这个小岛，并命名为"îles Malouines"，意思是"马洛人的岛"。1536年，阿根廷沦为西班牙的殖民地，西班牙把它拼写为"Lslas Malvinas"。

1690年，英国"福利号"船长约翰·斯特朗来到这里，发现这里有两个大岛，中间有一条海峡，便以资助这次探险的英国查理一世首席国务大臣福克兰子爵的名字命名为"福克兰海峡"，"福克兰群岛"的名字来自于"福克兰海峡"。

1816年，阿根廷独立，从西班牙殖民政府手里继承了群岛的主权。1829年，阿根廷在群岛上设立了"马尔维纳斯群岛及附属岛屿政治军事联合司令部"。

1833年，英国派军登上群岛，赶走了阿根廷守军。阿根廷提出抗议，而且通过外交途径要求收回群岛。但是，在其后的150年中，毫无结果。

1982年4月2日，当时的阿根廷总统加尔铁里派兵攻占了群岛。

6月14日，"武力收回"群岛仅74天后，英国皇家海军陆战队打败了阿根廷军队，群岛又一次易手。

阿根廷战败后，参战老兵处境十分尴尬。当时的胡安·伊阿努索索上尉后来回忆说："那时候，我们是从'后门'低着头悄悄回到美洲大陆的。阿根廷民族与生俱来的骄傲让我们的同胞把我们在战争中的失败看作是一种耻辱，在他们眼里，我们的努力是毫无价值，不值一提的。"

不少民众认为，那次出兵不止是一个失败的决定，更是加尔铁里军事独裁政府为了转移国内对经济危机等问题的关注而刻意发动的一场"闹剧"。

伊阿努索索说："很多人把我们在战场上收复国土的努力和阿根廷错误的政治决定混为一谈，甚至认为我们是军政府独裁行径的帮凶。我们被称为'战争狂人'，甚至一度没有任何地方愿意雇用我们工作。"那时候，在国际上，阿根廷也受到了绝大部分西方国家的反对和联合国的谴责、制裁。因为战后抑郁症，400多名老兵选择了自杀。20世纪90年代，阿根廷政府开始关注这些老兵。目前，他们中的绝大多数人每月可以领取一定的生活补助，并且接受医疗和心理援助。但是，依旧有一些老兵没有走出生活和精神上的困境。

在那场战争三十周年纪念日前后，英国开始在群岛附近海域勘探石油。于是，英阿两国再起争端。

在这样的背景下，一些参加过群岛战争的阿根廷老兵发起了一场"保岛"运动。

尾声：

回国后，《两极区域志》和太空笔完璧归艾杰了。他非常高兴，而且对我说："你如果还去北极，我再把这本书借给你。"

回国将近一年，我的好友黎德利才收到从南极发回的明信片。而寄给艾杰的明信片下落不明。

好友黎德利收到的南极明信片（正面）

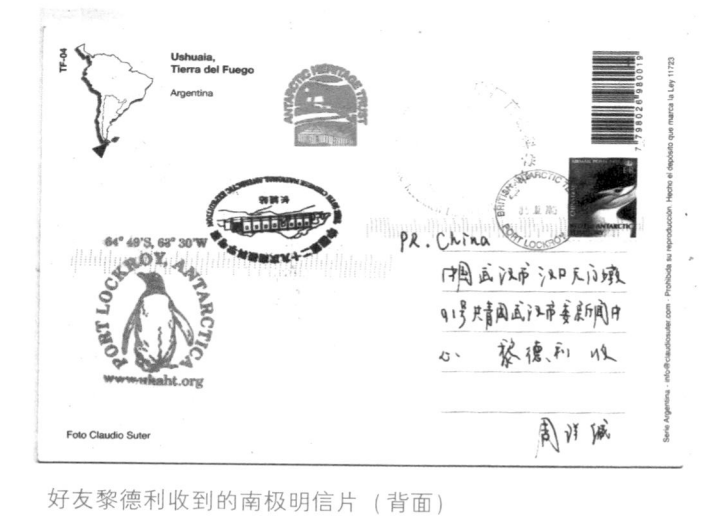

好友黎德利收到的南极明信片（背面）

中国雪龙号破冰船

　　我以我的切身体会告诉朋友，从南极寄往中国的邮件传递时间是一年左右，丢失率是百分之五十。

　　2014 年 1 月 6 日，我从《参考消息》看到了这样的报道：俄罗斯的"绍卡利斯基院士号"科考船被厚冰围困在南极联邦湾。中国"雪龙号"破冰船前往搭救时也被围困。给美国麦克默多站补给燃料的美国海岸警卫队的"北极星号"破冰船又启航前往营救。这一消息，无疑是国际关系严冬中吹过的一阵春风，看后令人十分欣慰。

在我常被雾霾、不洁饮料、问题食品困扰的时候，我都禁不住想起南极洲。想到地球上还有那样一片净土，便觉得是莫大的安慰。

参考书目 (以参考量多少为序)

1. 《两极区域志》，R. N. Rudmose Brown 著，黄静渊译，商务印书馆

2. 《向极地挑战——难以抗拒的吸引力》，Bertrand Imbert 著，上海世纪出版集团、上海人民出版社

3. 《邮票图说南极探险》，周良著，海洋出版社

4. 《南极万花筒》，鄂栋臣、汪季贤著，华中理工大学出版社

5. 《最后的大陆——南极洲》，J. E. 洛夫林、J. R. V. 普雷斯科特著，董兆乾、张青松、颜其德译，

科学出版社

6.《南极考察记》，张青松著，知识出版社

7.《南极纵横》，徐杜衡编著，海洋出版社

8.《南极科学博览》，神沼克伊等著，刘书燕、万国才等译，海洋出版社

9.《冰雪的世界——南极大陆》，姚文贵、陈山编著，长春出版社

10.《极地探险》，高登义编著，河南科学技术出版社

11.《冰裸南极》，马中欣著，东方出版中心

12.《极地惊情》，李乐诗著，香港聚贤馆文化有限公司

后　记

　　原计划退休以后写书，但是，当忘年交、著名知青文学作家刘晓航得知我要去南极，立马就告诉了武汉大学出版社的朋友郭园园，她随即约我写一本关于南极的书。在这之后，武汉大学出版社的老友张福臣几次跟我商谈写书事宜。尽管以前写过无数电视片解说，但写书毕竟是另一类事，我迟迟没有应承。直到老朋友艾杰借给我一本民国版的权威著作《两极区域志》，加上张福臣许诺完成时间不限，我才正式答应。于是，写书的时间提前了十年。因而，有了这本拙著。

　　写作过程中，藏书颇丰的老朋友黎德利热心慷慨地借了我一些相关书籍。经好友朱兵介绍，武汉图书馆的吕薇帮我查找到不少南极参考书，张高峰也从网络上收罗了大量南极资料。

手稿完成后，搭档姜宏涛夫妻热情邀请我到上海，在他们家小住了一段时间。姜宏涛大材小用地一连多日为我打字，他夫人又为我打印出来。本书的责任编辑荣虹是老友，她为保证此书的质量付出良多。另一位编辑张璇也为本书出了力。

老友梅龙和姜宏涛无偿提供了他们在南极拍摄的照片。

衷心感谢以上各位朋友！

本书是本人的处女作，加之对南极这一特殊领域研究有限，不足之处在所难免，敬请各界方家不吝赐教。

周　详

2014 年 8 月 1 日夜

于武汉云林街 23 号沙龙